日本の動物園

石田 戢──［著］

東京大学出版会

Zoos in Japan
Osamu Ishida
University of Tokyo Press, 2010
ISBN978-4-13-060191-7

はじめに

　動物園は野生動物を自然から都市に持ち込んで見せ，また異国の動物を見せる都市施設である．見るほうから考えると珍しい動物，特徴のある動物を見せてくれるところになる．このような施設は，古代から連綿と続いていたことは多くの歴史資料が物語ってくれている．古代から続く「動物園」は，時の王権の権威の象徴であったり，権力者の嗜好であったり，また市民へ娯楽を提供したり，その目的は多様であった．「近代動物園」は，こうした王権などが消滅し始める19世紀を境に始まったといってもよいであろう．フランス革命とそれに引き続くナポレオンのヨーロッパ制覇は，王侯貴族を没落させ，近代社会となって再生するが，それに伴い動物園も，自然科学への関心と市民の要望によって近代動物園として再生する．しかし，新たに加わった科学性と市民性の背後には，動物へのヨーロッパ的なまなざしが連綿と生き続けていた．

　翻って日本を見てみると，王権を発揮した動物収集や飼育事例，そして展示するという行為は，ことに哺乳類において顕著であるが，ほとんど見られない．明治維新を過ぎて他の多くの文物と同様，唐突に輸入されることになった．世界的には長い時間を変容されながら続いてきた動物園の歴史が，日本では明治＝近代になって輸入され，それがしだいに定着していったのである．そうして輸入された日本の動物園がどのような経過を経て，現在どうなっているのかというのが，本書のメインテーマである．

　私が昭和46年（1971）に大学を卒業して上野動物園勤務を命じられたときには，それから30年も動物園に勤務するとは夢にも考えていなかった．動物園に興味を持つに至るきっかけは，飼育係の同僚や先輩たちの話である．彼らは動物のことを話し始めると，とどまるところを知らない．つぎからつぎへと今日あった出来事，いままでの経験を語り始めるのである．世の中にこれほど職業意識の強い人たちがいるのだ，と驚かされた．こういう人たちのために私もなんらかの役に立てるかもしれない．そうこうしている間に上

野動物園の百年祭が近くなってきた．百年を迎える3年ほど前から準備室がつくられ，百年史の編集準備が始まっていた．百年史の担当は当時の小森厚飼育課長であり，そのプロジェクトに私も参加することになった．それまで私は動物園の歴史など聞いたこともなかったが，小森課長の博覧強記と適切なガイダンスで上野動物園と日本における動物園の歴史の概略を知るようになった．百年史編集の仕事は中途半端ではなかった．結果としてB5判，1450ページにおよぶ大著を4人の職員で完成させたのだが，その過程で得られたものは大きかった．歴史のみならず，動物園の構造をしっかりと頭のなかに着地させていくことができた．私にとって茫洋としてとらえどころのなかった動物園像がはっきりとしてきたのである．ちょうどこのころ，多摩動物公園の中川志郎さんの『動物園学ことはじめ』と京都市動物園長を退職した佐々木時雄さんの『動物園の歴史』があいついで出版された．日本ではこの2冊が本格的な動物園論の始まりであったと今日でも評価できる．お2人の見解へのコメントは本書でも随所に登場する．

　百年史を作成している間に気づいたことは，動物園はけっこう政治の場でもあるということだ．動物園長の代名詞といもいうべき古賀忠道先生は，動物園は平和の象徴であると語っていたが，私としては，動物は政治的な利用をされすぎていると感じていたので，この言葉に少なからぬ反発を覚えていた．だが考えてみると，政治的とは平和を希求する政治なのではないかと思いあたったのである．やはり平和の象徴なのだと再確認させられたのは，編集作業が終わるころであった．

　こうして動物園に深入りするに至ったが，同時になにかしらもやもやしたものを感じるようになってきた．飼育係職員の動物にかける思いや熱意が，飼育行為だけに向けられてよいのだろうか，こうした熱意に依存して旧態とした体制で運営されてよいのだろうか，動物園の4つの目的とされている，レクレーション，教育，研究，自然保護は目的意識的に追究されているであろうか，などなど．なかでもとくに気になっていたのは，日本の動物園がその精神的立脚点を外国のそれに依存して，それに引きずられて運営されていることである．日本の動物園は，第7章で述べるように，明らかに欧米の動物園と精神的伝統において異なっているにもかかわらず，つねに追随するかたちでしか運営されてこなかったことである．いつごろからであろうか，動

物園の人たちは，自らを動物園人，略して園人と呼ぶようになったが，たんなる駄ジャレには思えなくなってきた．本書の第2の目的は，したがって日本の動物園人がいかにして自己の精神的基盤を確定して，困難を乗り越えるかの土台を示すことにある．動物園はあらゆる意味で，社会的な人気に依存していて，その基盤に甘えていると思えるのである．本書のなかでいくつか「落とし穴」という表現を使わせていただいたが，それは動物園の甘えと関係している．動物園はともすればたんなる遊びの場としてしか考えられず，動物園の問題を真剣に考えるのは動物園人しかいないのだ．動物園は精神的に自立しなければならない．

こうした思いもあって，数人の仲間と語らって平成7年（1995）に「動物園研究会」を設立することにした．この研究会は，動物園の飼育のみならず関連するすべての分野にわたって報告し，討論して，おもに将来の動物園管理者を育てていくことを最大の目標としていた．すでに述べたような問題を動物園人と多方面の分野の方々が討論することを通じて，視野を広げていこうという試みであった．この研究会は10年ほど続き，私が動物園を退職したこともあって少しブランクがあったが，現在では再開して活発な議論をしている．

この40年間で日本の動物園は大きく変化している．一生の間に動物園に三度訪れるという言葉がある．幼児と小学校の遠足，親になってである．最近では孫ができて行くというのが加わったともいわれる．しかし親になって，祖父母になって，子や孫を連れてかつて子どものときに行ったイメージを持って動物園を訪れたら，びっくりするだろう．実際，久しぶりに動物園に行ったら驚いたという声をよく聞く．動物の種類や飼育状態，展示施設，雰囲気，サービスなど数十年前と比べると一変しているのである．しかし考えてみると，これはあたりまえのことなのである．どんな都市施設だって，美しく変化し，利用者の満足度を向上させている．年代による動物園のイメージの隔たりは，動物園が子どものための施設というイメージに囚われているためであると思える．自分たちの子どものときを思い起こして，それとの比較を行うのであれば，それは変わっているだろう．おそらく問題は世の中の移り変わりの大きさに比べて，動物園の変化が遅いのを動物園人もお客さんも気がついていないことにある．日本の動物園の利用者ターゲットは明らかに

大人にある．旭山動物園の人気がブレークしたことはこれに拍車をかけた．旭山の利用者の中心は，観光客にあるから，それにならってことを進めようとすればターゲットは大人になってくる．しかし動物園の社会的イメージの多くは，相変わらず子どものための動物園である．動物園人の指向する動物園は，行動展示であれ，ランドスケープイマージョンであれ，私が提示した「特徴を出す」展示であれ，大人向けの動物園である．子ども向けと銘打っている動物園を除いては，一様に大人向け，観光客向けの動物園を指向しているといっても過言ではない．一方，東京都の上野動物園や多摩動物公園の利用者でもっとも多いのは2-4歳の幼児とその親である．つまり，子どものための動物園という社会的位置と大人が楽しめる動物園という動物園人の指向の間には大きな隔たりがあるといってよい．このギャップをどのようにして埋めていくのか．じつはこの問題への答えを私は持ち合わせていない．この問題も1つの落とし穴になる可能性を秘めている．解答へのヒントはないことはない．それは動物園がきわめて安全な場所だということだ．私が勤務してきた30年間に，園内で犯罪が起きた例はきわめて少ない．スリや置き引きがないことはなかったが，他の施設から比べれば圧倒的に少ない．門と塀に囲まれた区域であるから犯罪を犯しにくい場所なのである．つまるところ，小さい子どもを安心して連れていける数少ない施設だということになるのかもしれない．

　動物園と類似の施設といえば水族館だろう．動物園の問題を考える際に水族館と比較するとわかりやすい．幸いに私は，たった2年ではあるが水族館に勤務していた経験があるので考えやすい．かつて上野動物園内に水族館があったが，勤務していたセクションが違ったこともあってあまり関心を持っていなかったから，水族館に勤務を命じられたとき，いささか困惑した．1999年のことである．日本は海洋国であることもあって，世界でも有数の水族館大国であり，おそらくレベルとしては世界一といってよいであろう．水族館については，東海大学の鈴木克美先生や西源二郎先生の大著があるので，くわしくはそれらを参考にしてもらいたいが，素人なりの水族館観を述べてみたい．動物園との違いは多いが，技術的なことはぬきにして一番違うのは，水族館は覗き込む世界であることだ．お客さんも大人が多数を占める．つぎには，水中の世界は異空間であることだ．空気中に生きている哺乳類や

鳥の世界，また私たちの世界と違う世界なのである．いろいろな演出もできる．旭山動物園の展示のなかでも，評判の高いアザラシやペンギンの展示は，水族館と通じるところがある．日本の水族館は 1980 年代に大革命ともいえる変化を経験している．それは大水槽の出現である．大水槽はただたんに大きいだけではない．眼前に広がる大水槽は，覗き込みから脱却した姿なのであり，従来の水族館イメージを一変させている．これらを見る目という切り口で考えると，視野が圧倒的に広がったことを意味する．旭山が水族館の演出性を取り入れたとすれば，大型水槽は動物園のパノラマ性を取り入れたといってよかろう．この意味だけ見れば展示技術の相互浸透が起きている．そして両者の共通点は大人を対象にして，動く動物を重視していることである．

　動物園学などというと大上段に振りかぶった感じがして，いささか恥じらうところもあるが，本書を執筆するにあたって，動物園論や動物園学という視点を意識して試みたつもりである．この分野の研究に少しでも役立つことができていれば幸いである．

　最後に，本書に登場する動物園の名称についてはいささか苦労させられた．あらためてわかったことだが，時代を経るにしたがい個々の動物園の名称が，ある場合は大胆に，また微妙に変わっているのである．時代により名称が変化するのはやむをえないとしても，現在という時点で区切ってみても正式名称が判然としない動物園が少なくないのである．混乱の原因はいくつかあるが，1 つには大衆的施設であることから呼ばれやすい名前を使用している場合があり，それが愛称となって通用していることにある．さらに施設の名称と組織の名称が混在していることも混乱の原因となる．また，市立の場合，市立とするか，たんに「○○市」とするか，はたまたなにもつけないのか，どちらが正しいのかが判然としない場合があるのだ．日本動物園水族館協会の年報に依ってしまえば許されるのであろうが，本書では歴史的な名称の場合は，できるだけわかりやすい名称を使用することにした．というのは，たとえば上野動物園の場合，動物園→上野動物園→上野恩賜公園動物園→恩賜上野動物園と変化し，現在に至っているが，一般には上野動物園として通用しているからである．しかし，歴史的な名称以外はどうもそう簡単ではない．恐縮だが一例をあげると，よこはま動物園がある．年報では「横浜市立よこはま動物園」とあるが，窓口では「よこはま動物園ズーラシア」とするよう

に指摘された．総合的に考えると，「ズーラシア」は愛称で，正式名称は「横浜市立よこはま動物園」であると判断できる．市立とか財団法人とかの冠はいささかは煩雑であるため，申しわけないが省略させていただくことにした．たとえば，○○市立○○動物園という名称であれば，たんに○○動物園とさせていただくことにした．また東山動物園のように，その上部に東山総合動植物公園という組織があって，動物園の代表者が総合動植物公園事務局長が位置している場合も，これは組織名称であり，本書では東山動物園として表記することにした．お許しをいただきたい．使用した動物園の名称は巻末に一覧表にして掲載した．

目　　次

はじめに……………………………………………………………………… i

第 1 章　動物園とはなにか……………………………………………… *1*
　1.1　「動物園とはなにか」をめぐる議論………………………………… *1*
　　　（1）なにをもって動物園というか　*1*
　　　（2）日本に受け入れられた精神的伝統　*3*　（3）見世物　*12*
　1.2　動物園の目的・役割——どのような動物園をつくろうとしたか…… *15*
　　　（1）動物園の目的といわれるもの　*15*　（2）教育　*16*
　　　（3）自然保護　*17*　（4）研究　*18*　（5）レクリエーション　*19*
　1.3　現代動物園を考える視点………………………………………… *20*
　　　（1）動物の飼育　*20*
　　　（2）外国の動物園の受け止め——モデルとしてのヨーロッパ　*23*
　　　（3）学者・学会・学問　*24*　（4）「動物園」への異論　*26*
　1.4　再び日本社会における動物園とは——動物園の構造………… *27*

第 2 章　動物園の歴史…………………………………………………… *30*
　2.1　日本の動物園の始まり…………………………………………… *30*
　　　（1）移入された動物園　*30*　（2）動物園の認識と名称　*30*
　　　（3）博覧会・博物館——山下町　*32*　（4）上野の山をめぐって　*34*
　　　（5）動物園の建設　*35*
　2.2　動物園の開園……………………………………………………… *37*
　　　（1）開園当初の動物園　*37*　（2）宮内省への移管　*38*
　　　（3）動物園の定着　*39*
　　　（4）第 2 の動物園と日本社会での定着——京都市紀念動物園　*48*
　2.3　大衆化する動物園………………………………………………… *50*
　　　（1）上野動物園の移管　*50*　（2）鉄道系動物園の始まり　*51*

　　　　（3）天王寺動物園と名古屋市動物園　*53*
　　　　（4）明治・大正期の上野動物園への評価をめぐって　*54*
　2.4　昭和・戦前の動物園………………………………………………………*56*
　　　　（1）昭和初期の動物園　*56*　　（2）動物コレクション　*61*
　　　　（3）動物の飼育と繁殖　*63*　　（4）動物園の人気　*63*
　　　　（5）日本人の手による海外の動物園　*66*
　　　　（6）全国動物園長会議からの日本動物園水族館協会の発足　*67*
　　　　（7）動物園での教育活動　*68*
　　　　（8）知識人による動物園論——昭和前期の動物園論　*68*
　　　　（9）戦前までの60年——初期の動物園の特徴　*70*
　2.5　猛獣処分と開店休業——空白の5年間…………………………………*71*
　　　　（1）猛獣処分　*72*　　（2）開店休業と閉園　*73*
　　　　（3）戦争中の動物たち　*74*
　2.6　動物園の復活……………………………………………………………*74*
　　　　（1）戦後直後の動物園　*74*　　（2）古賀忠道の手による再建　*76*
　　　　（3）全国の動物園の復興　*76*
　　　　（4）続々と来日するゾウ——ゾウの時代　*77*
　　　　（5）上野による移動動物園　*77*　　（6）博物館法の成立と動物園　*78*
　2.7　第1次動物園ブーム……………………………………………………*79*
　　　　（1）子ども動物園型動物園の量産　*79*
　　　　（2）移動動物園の余波　*80*　　（3）古賀忠道とその影響　*81*
　　　　（4）戦後動物園の展開——外国との交流と新しい視点の動物園　*83*
　　　　（5）特色を打ち出す動物園　*85*
　2.8　郊外型動物園の展開……………………………………………………*90*
　2.9　パンダ日本を席巻する——パンダと子ども動物園………………………*93*
　　　　（1）上野動物園のパンダ　*93*　　（2）サファリパークの誕生　*93*
　　　　（3）子ども動物園の新たな展開　*95*　　（4）関東の動物園　*96*
　　　　（5）遊園地型・観光型動物園のあいつぐ撤退　*97*
　2.10　多様化する動物園………………………………………………………*98*
　　　　（1）日本産動物への注目と教育　*98*
　　　　（2）大規模になる郊外動物園　*98*

（3）横浜ズーラシアと天王寺の再生計画　*99*
　　　（4）旭山動物園のブレーク　*99*

第3章　展示と飼育 …………………………………………………*101*

3.1　展示 ………………………………………………………………*101*
　　　（1）展示の制約　*101*　　（2）展示の歴史　*103*

3.2　全体計画と展示の配列 ……………………………………………*113*
　　　（1）全体計画　*113*　　（2）展示の配列　*114*　　（3）展示の改善　*115*

3.3　飼育 ………………………………………………………………*117*
　　　（1）野生動物の飼育　*117*　　（2）馴らす・馴れるとその判断　*118*
　　　（3）人との関係　*120*　　（4）飼料・餌　*121*

3.4　繁殖 ………………………………………………………………*123*
　　　（1）繁殖の重視　*123*　　（2）繁殖の条件　*125*
　　　（3）繁殖技術の具体的過程　*126*　　（4）繁殖環境の改善　*128*
　　　（5）動物の移動との関係　*129*

3.5　環境エンリッチメント ……………………………………………*131*
　　　（1）環境エンリッチメントの概要　*131*
　　　（2）日常行為としての環境エンリッチメント　*133*
　　　（3）環境エンリッチメントの要素　*135*　　（4）トレーニング　*137*
　　　（5）再び動物芸について　*140*

第4章　教育・普及・研究 ………………………………………*142*

4.1　動物園での教育の意味 ……………………………………………*142*
　　　（1）メディアとしての動物園　*142*　　（2）動物園での教育の特質　*146*
　　　（3）動物そのものから発される情報と観察のポイント　*148*
　　　（4）動物園教育の着地点　*150*　　（5）教育の組織　*151*
　　　（6）環境教育との関係　*151*

4.2　教育の補助手段 ……………………………………………………*152*
　　　（1）誘導──教えたいことへの誘導　*153*　　（2）文字情報の提供　*153*
　　　（3）人による教育（フェイス・ツー・フェイス）　*154*
　　　（4）プログラミング──教育を計画する（時間をかけた教育）　*155*

4.3　学校との関係 ………………………………………………………*157*

　　　　（1）学校と動物園の関係が変わる　*157*
　　　　（2）総合的学習の時間への対応　*158*
　　　　（3）教員に対する働きかけ　*159*
　　4.4　子ども動物園 ·· *160*
　　　　（1）子ども動物園の始まり　*160*　　（2）子ども動物園の原型　*161*
　　　　（3）子ども動物園の展開──なかよし・ふれあい・いのち　*162*
　　　　（4）子ども動物園の現在　*163*
　　4.5　広報と多様な情報発信 ··· *164*
　　　　（1）広報活動（PR, Publicity）　*164*　　（2）多様な情報発信　*165*
　　　　（3）教育活動の特徴と課題　*168*
　　4.6　研究 ··· *169*
　　　　（1）動物園と研究　*169*　　（2）飼育技術者による研究　*170*
　　　　（3）大学・研究機関との連携　*173*

第 5 章　計画と経営 ·· *175*
　　5.1　計画と設計 ·· *175*
　　　　（1）施設としての動物園　*175*　　（2）建設計画と改造計画　*176*
　　　　（3）設計　*181*
　　5.2　経営 ·· *184*
　　　　（1）収支から見た日本の動物園　*184*　　（2）投資と動物の QOL　*186*
　　　　（3）管理委託から指定管理・法人化（独立行政）　*187*
　　　　（4）経営理念と経営方針　*188*　　（5）収支の補助的役割　*189*

第 6 章　海外の動物園 ··· *190*
　　6.1　海外動物園の歴史 ·· *190*
　　　　（1）多様な源流　*190*　　（2）近代動物園の誕生　*196*
　　　　（3）世界に展開する動物園　*199*
　　　　（4）ハーゲンベックの動物園革命　*202*
　　6.2　技術と思想──20 世紀後半の動物園 ··· *203*
　　　　（1）展示における技術と思想　*203*　　（2）飼育技術　*203*
　　　　（3）動物の QOL　*203*　　（4）国際協力と世界組織（WAZA）　*204*
　　6.3　世界の動物園 ··· *205*

（1）ヨーロッパの動物園　205　　（2）アメリカの動物園　209
　　　（3）アジア・オセアニアの動物園　211
　　　（4）アメリカ・ヨーロッパ・アジア　212

第7章　日本の動物園……………………………………………………213
　7.1　種の保存…………………………………………………………213
　　　（1）域外保全　213　　（2）野生復帰　218
　　　（3）域内保全——動物たちが生息できる環境　218
　7.2　関係機関との連携，地域社会との結びつき……………………220
　　　（1）大学・研究機関　220　　（2）地域との連携　221
　7.3　職員の育成………………………………………………………222
　　　（1）技術の高度化　223　　（2）内部の努力と外部との連携　224
　　　（3）園長・管理者の役割　224
　7.4　日本動物園水族館協会……………………………………………227
　　　（1）発足と戦前の活動　227　　（2）戦後の復活　228
　　　（3）執行体制と事業の展開　229
　7.5　これからの動物園…………………………………………………231
　　　（1）複雑な課題を単純化する　231
　　　（2）開かれた動物園とメッセージ性　232　　（3）経営基盤の確立　233

参考文献……………………………………………………………………235
おわりに……………………………………………………………………243
本書で使用した動物園名…………………………………………………246
事項索引……………………………………………………………………249
動物園名索引………………………………………………………………252

第 1 章　動物園とはなにか

1.1　「動物園とはなにか」をめぐる議論

（1）なにをもって動物園というか

　日本における動物展示施設は，ある個人的調査によると 500 を超えるといわれている．そのなかには水族館とはっきり定義できる施設も含まれるから，それらを除くとおそらくは 300 程度であると思われる．一方，日本動物園水族館協会に加盟している動物園は，2007 年度の年報によれば，93 施設である．新規加入や脱退など多少の変動はあるが，おおむね 90 の施設が「公認」された動物園ということができる．

　なにをもって動物園と呼ぶのかは，じつはむずかしい問題である．公認されたものから，自称のもの，動物園とは名乗らないもの，一般に動物園と見なされているもの，カテゴリーは多様である．日本には動物園を管理する法律はないから，法律に依拠するわけにはいかないし，一般に使われている意味ではいささかずれてしまうこともある．とはいえ，本書で述べる動物園は，それなりに対象を明確にして語らなければなるまい．具体的な 1 つ 1 つの施設が動物園であるか否かは別にして，まず最初にこれから語る対象としての動物園像を明らかにしておくことから始めよう．

　日本における動物園は輸入された概念にもとづいて設置されたが，しだいに人気を得て人口に膾炙して，定着してきた．日本社会に受け入れられてきた歴史があれば，そこにはなんらかのそれを受け入れる精神的伝統が存在しており，その系譜をたどれるのではないかと考えるのは不思議ではない．他方，輸入された概念ならば，輸入元の「本来の」動物園がどういうものかを

論じる立場も当然成立する．また，輸入された後，どのように定着してきたか，いわば日本人の動物園観の形成を歴史的に考える観点もありうる．なにをもって動物園というかを考えるにあたって，それら観点の違いを考えることから始めてみたい．

まず視点を明確にして定義した元京都市動物園長で動物園史家の佐々木時雄の見解から見ていくことにしよう．佐々木は，『動物園の歴史』の続編である『続動物園の歴史——世界編』で，それまでの動物コレクションと区別して，「近代的動物園」には4つの条件が必要だとしている．それは，①収集の対象が地球的で広範囲である，②繁殖や長期飼育などの動物の生活権，③科学とコレクションの結合，④民衆とコレクションの結合，である．そのうえで近代動物園の嚆矢は，通説でいわれるウィーンのシェルンブルン宮殿だとする説に対して，①シェルンブルンは大衆に公開されていない，②設立にあたったマリア・テレジアは猛獣を飼育することを嫌い，肉食獣がいなかった，として否定して，1793年にできたパリの国立自然史博物館の付属施設が最初の近代的動物園であったとする．つまりジャルダン・デ・プラントとして知られる施設である．他方，日本における最初の近代的動物園を1882年に開設された上野動物園であるとしている．佐々木の論調は，まずここでいささか矛盾することになる．4つの指標をそのまま踏襲するとして

図1.1　シェルンブルン動物園（落合知美撮影）．

図1.2 ジャルダン・デ・プラント．

も，シェルンブルンは18世紀後半には，一部とはいえ一般公開に踏み切っている．また，上野動物園が，佐々木のあげる4つの条件を開園当初から満たしていたかは疑問であり，その後いつこれらの条件を満たすようになったのかも明確ではない．ここでは，近代動物園はシェルンブルンやジャルダン・デ・プラントなどの開設された18世紀後半に始まったといってよいことだけを了解して，前に進みたい．

(2) 日本に受け入れられた精神的伝統

収集・飼育・展示という基礎的な条件

さて，まず動物園を成立させるための必須条件について考えてみることにしよう．万人が認める動物園の条件は，まず動物を収集する，飼育する，展示することであろう．これなくしてはけっして動物園は成立しない．

動物を収集した歴史については，ヨーロッパのみならず，旧くはアッシリア，エジプト，ギリシア，ローマから中国，インド，アスティカに至るまで，時の権力者による動物収集は連綿と続けられている．それらは，動物という異物であり，見たことのない珍獣への要求だったり，強さの象徴への憧憬であり，異国の征服やそことの関係の誇示であり，外交に使われたり，民衆へ

の娯楽の提供だったりしている．直接的な動機は多様であったとしても，彼らはほぼ有史以来，異境の動物を集めることにかなりの精力を費やしている．このことをもって，動物を集めることは人間性の本性だ，とする主張も見られる．実際，動物園の歴史を語るとき必ず冒頭にいわれるのは，古くから権力者が動物を集めて見せていることであり，おそらくそのことをもって動物と人間の根源的結びつきを語り，動物園の存在理由を理解させたいのであろう．

　ところで，翻って日本を見るならば，国内外の野生動物を収集する事例の少なさに驚かされる．近年，鎖国時における近代化への認識に変化が見られていて，鎖国していても多くの文物が輸入され，それなりの交流があったことへの評価をめぐっての議論があり，極端な場合は鎖国の意味はほとんどなかったとする論者も出てきている．そのいずれに与するにせよ，日本人の動物コレクションへの意欲の低さは明らかである．鳥の収集・飼育については，江戸時代にきわめてさかんであったことは知られている．しかし動物園の主要動物である中・大型哺乳類に目を転じるとはっきりと収集への意欲は低い．日本の博物学は，江戸時代に開花しているが，生きている野生動物を飼育して「見る」ことに執着している例はほとんどないといってよい．当時の博物学，すなわち本草学は，植物，とくに薬草研究に偏在している．

　有名な徳川吉宗のゾウにしても，数年間の浜離宮生活のうえ，個人に払い下げられている．ヨーロッパにおける王侯貴族動物園（佐々木のいう近代的動物園ではなく）に匹敵するコレクションを見ることはできない．

　つまり，生きた哺乳類を収集することへの執念は，人間性の根源とも，あるいは権力性の根源とも必ずしも結びつかないのではないだろうかと思われるのである．

　動物を飼うことによって権力性を誇示しようとした事例がないわけではない．たとえば，16世紀から17世紀にかけて，諸大名がヨーロッパのマスティフやグレイハウンドなどの大型犬をポルトガルから買い求めたことはある．大型犬を連れて市中を睥睨するのは，権力の象徴であった．しかし，それはあくまでもイヌである．

　つぎに飼育する観点から見ると，江戸末期から明治初頭にかけて，ネズミやウサギの飼育書が散見できる．これらの小動物の飼育は，この時代にはさ

かんであったと考えてよい．とはいえ，ネズミやウサギが，動物園の動物飼育に直結するとは考えにくい．ウサギの飼育は明治初頭に流行となり，珍種が高値で取引されるという社会問題も引き起こしているが，あまりの異常さに政府によってウサギ飼育に税金をかける結果となり，あっけなく鎮静化している．つまり一部の好事家を除いて飼うことに執着しているわけではないのだ．

　展示することについては，いささか事情が異なる．江戸初期から，見世物としての動物は，江戸や京都，大阪の盛り場で展示に供されていたからである．単発で手に入れた珍種を展示する見世物から始まって，孔雀茶屋，花鳥茶屋などと呼ばれる施設が，江戸中期にはあちこちに出現している．これらは，江戸時代も後期になるとしだいに園地として施設化していって，江戸，京都，大阪に数多くつくられ定着していったと動物園史研究者である若生謙二は指摘している．しかも，その名称からもうかがえるように，花や鳥を中心としたもので，哺乳類はきわめて少数で単発的であったことを指摘しておかねばならない．江戸時代を通じて，単発で輸入されて見世物にされた哺乳類は数十あげることができるが，権力者が集めようとした事例は少なく，また長期間飼育していた事例も少ない．ともあれ，「見せる」ということと

図 1.3　大阪の孔雀茶屋（摂津名所圖會巻二，秋里籬島）．

「珍しいものを見る」という関係は，江戸時代には成立していたと考えられるが，飼育するという観点から見ると少ない．

博覧会という基盤

日本における動物園の設立には，多くの場合，博覧会が関与している．博覧会で公的な資金を集め，会場をつくり，その終了後，動物園を開園するケースである．明治や大正期に開設された動物園の多くは，こうして出発している．ではその博覧会とはどのような構造を持っていたのか．社会学者の吉見俊哉は，近代日本の博覧会の二重性についてくわしく述べているが，そこから読み取れることは政府の実施する博覧会の意図と民間・地方で行われる博覧会の食い違いであり，実施目的と受け取り側とのずれである．つまり，政府要人が西欧の博覧会思想を受けて，知識や技術を普及することを目的にして開催し，地方では博覧会の名のもとに，実際は物産会や珍品の開帳と変わらない展示会が中心であった．博覧会は明治初年，博物館や動物園が開園されていない時期から，全国各地で開催されていたのだ．政府は，博覧会と見世物をなんとか区別し，博覧会への陳物・書画・骨董の類の持ち込みを拒否するのに躍起になっている．他方，情報を受け取る側の観客は，これまでにない大規模な見世物として博覧会に臨んでいた，ということになる．

そして，その時間的・空間的延長上に，動物園はもちろんのこと博物館も恒久的な施設として設置，開館されているのである．動物園設立の観点から見ると，博覧会は動物，とくに外国産動物の入手のきっかけであり，動物舎の建設の場であり，博覧会によって初めて可能になったということである．

こうして博覧会は，収集と施設という動物園の物質的基盤をつくりだして

図 1.4　京都大博覧会・動物館（風俗畫報第 94 号，明治 28 年）．

いる．見せる-見るという関係は，政府の関与を通じて，いささか変更を加えられながらさらに深まっていくのである．

動物園の成立

動物園は日本においてはまったくの移入された概念である．明治の近代化政策の一環としてつくられた博物館の一部として設置された．日本の動物園と重なる伝統的な空間は，すでに見たように見せる-見る関係だけである．そのただなかに，動物園は輸入されたのである．

佐々木は日本における動物園の精神的伝統について直接言及していないが，博物館設立の中心的存在であった町田久成や田中芳男の事蹟への研究から見ると，その伝統を博物学つまり本草学に求めているように判断できる．しかし，本草学の中心軸は植物，とくに薬草にあり，分類にある．

このように動物園の物質的・精神的伝統が希薄でほとんど見られず，またその後日本社会に定着していったのであれば，動物園がどのような経過をたどり，そのなかで動物園観がどのように形成されたかが主要なポイントにならざるをえない．文化史的に見れば，日本社会における受容のあり方を検討する必要がある．日本における西洋文化や制度の導入には独特の構造があると思われる．江戸時代以前には，和魂漢才といわれ，文明開化以後は和魂洋才と呼ばれたが，あくまでも日本的精神にこだわって，そのうえで技術的側面だけを容認していくことが強調された．印度哲学者中村元の言葉を借りるならば，「なんらかの具体的な人倫的組織を絶対視していて，それをそこなわない限りにおいて採用する」となる．一旦導入してから，一定のフィルターをかけてそこで残されたものが変容を遂げながら定着していくという経過をたどることが多い．動物園は，まったく新しい制度であり，それが輸入元でどのような歴史と精神をもってつくられてきたのかといった問題から切り離されて，動物園という結果としてのものを輸入した．これは動物園だけに限った現象ではなくて，文明開化時に輸入された西洋文物と共通している．だとすればどのようなフィルターが機能して，どのように定着していったのかが重要なのである．

この問題を考えるにあたっては，設立以後の動物園の動向を見ていくしかないであろう．具体的な歴史は第2章でくわしく述べるが，ここで動物園観

8　第1章　動物園とはなにか

の推移についてだけ簡単にふれておきたい．

　上野動物園が設置された直後はまことに貧弱な施設であったし，動物のコレクションもまた同様であったといえる．博覧会で展示された動物には外国産の動物はほとんどいなかったし，その後もしばらくはごく少数しか来園していない．動物園の人気も盛り上がっていない．むしろ直後に動物展示を始めた浅草花屋敷のほうが，コレクションとしては充実していたかもしれない．しかし上野はそれに耐えている．動物園の観念が庶民の間に定着するのは，トラやゾウが来園してからである．花屋敷と区別された，いいかえれば，見世物と区別された「動物園」観が定着していく．なにをもって花屋敷と区別したかといえば，「おもしろおかしく見せる」のではなく，「広い公園で気分爽快な雰囲気をつくる」ことだったであろう．若生謙二によれば，上野は「珍獣を見る場として定着した」とされ，一面そのとおりではあったが，外国産の動物を集めれば，それは珍獣になってしまうような時代であったことを考えれば，上野をこの点で非難することはできない．明治40年に「動物園唱歌」がつくられているが，そこでは，「世に珍しき動物の　生けるモデ

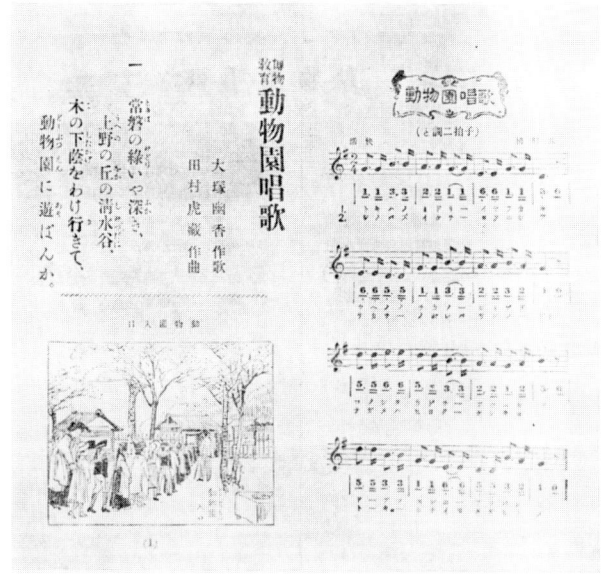

図 1.5　動物園唱歌（同盟書店『動物園唱歌』より）．

ルを目の当たり　うけし教えは数知らず」とあり，見世物とは区別されて受け取られていたことがわかる．ちなみに浅草花屋敷は，どれほど動物を展示させても，動物園と名乗ったことはない．明治20-30年代，上野しかなかった時代は，固有名詞としての動物園であり，それ以後も動物を見て教えられる動物園であったといってよかろう．

第2，第3の動物園

20世紀に入って，第2番目の動物園，すなわち京都市動物園がつくられるころには，動物園という観念が定着している．「動物園」の名称が，固有名詞から普通名詞になってきて，京都市動物園は，なんのためらいもなく動

図1.6　上：浅草花屋敷（風俗畫報第139号，明治29年），
下：花屋敷案内図（昭和初年）．

物園と命名されている．もちろん，これには上野を参考にし，かつ上野の助力もあったであろうが，動物園の観念は，花屋敷などの見世物と少し違って，動物を「動物」として教育的に見せる，やや「お堅い」施設となって定着していく．

　大正に入って，名古屋に鶴舞公園動物園，大阪に天王寺動物園ができるあたりには，教育的観点はすでに失われている．東京や京都にある「堅さ」がほぐれてしまっていて，名古屋は博覧会の延長で，大阪は広い自然の豊かな天王寺で動物を飼育して見せることに集中して，また利用者もそのように受け取ったと思われる．ちなみに，天王寺は，大正12年に120万人を超える入園者を迎えているが，これは上野よりも多い．そしてこのことは，動物園が黒字で運営できる可能性を明らかにした．いいかえれば，民間経営が成り立ちうることがだれの目にもわかっていくことになる．この時点での動物園観といえば，動物を見て楽しめるところになっていたと思われる．

鉄道系民間動物園

　昭和初期に，関西の阪急と阪神が，ほぼ期を一にして遊園地と動物園を併設した施設を開園して人気を得たことは，動物園観に大きな影響を与える．この両園は，既存の動物園とは明確に異なった特徴があった．それは，遊園地と動物園を結合させて娯楽を強調したことと子どもをターゲットにしたことである．動物園史研究家の若生謙二は，この両者を「遊園地型動物園」と呼んで，動物園史に位置づけた．意外なことかもしれないが，上野も京都，天王寺のいずれも入園者統計資料を見る限りでは，大人が中心で子どもは少数派である．子どもと動物園が直結したのは，宝塚と阪神パークが最初である．そして，これらの施設の定着は動物園の娯楽性を著しく高めることになる．しかもこれらは当然のごとく新しい動物園観を形成していく．

　引き続いて天王寺動物園のチンパンジーの「リタ」の芸による人気は，関西における動物園観の形成を決定的なものにする．関東では，この時期，上野以外に動物園と呼ばれるものはなく，上野も東京市に移管されて性格を変えている．しかし，当時上野動物園の運営を司っていた井下清によれば，「珍奇な動物を遠隔の世界の各地から蒐集して，自然界の窺いしれぬ広大さと世界の国々を，そこに棲息する動物を通して知ることによって，観覧感興

図 1.7　阪神パーク・ゾウの曲芸（阪神パーク所蔵，昭和 13 年）．

の間において世界的気宇を大にし，国民の科学常識を涵養することにある」として，その性格を「教育と気分転換」に求めている．実際，関西でのチンパンジーの芸に見られるショー的な方向への転換は見られていないし，もっぱら子どもを対象にした動物園づくりをめざしていることもなかった．花屋敷のほうが上野より動物園としておもしろかったという，さる古老の思い出話を聞いたことがある．昭和初期でも，天王寺のほうが上野よりも入園者の多い時期がいくつかある．また上野は天皇家のものであり，後に東京市に移管されても「恩賜」という冠がついていたことも関係していたとも思われる．昭和初期からの動物園観は，東西で変わったものになっていったといってよい．関東における動物園のイメージは，上野であり，上野は楽しいけれど遊園地よりややまじめな施設というところにあろう．

子どもと動物園

　動物園は子どものための施設であるという動物園観が，現在では定着している．しかしこれまでふれたように，少なくとも公立の動物園では，「子どものための動物園」という認識はされていない．この認識が優勢になるのは，戦前では民間の遊園地型動物園であり，公立では戦後を待つ必要があるのだ．
　市民の動物園への認識に教育が加わるのは，ごく最近のことであり，いわんや自然保護や研究であれば，さらに今後を待つ必要がある．

（3）見世物

　さて，動物園関係者が一様に忌み嫌う「見世物」についてふれておこう．動物を見世物にしているというのは，動物園人には最大の侮辱的表現になっている．

　動物を見せてお金をとる事業が，日本でいつ始まったかは，不明である．しかし，世界的に見ると，異国の動物を見せる行為の起源は古い．「見せる」目的に限定しなければ，古代中国の殷周などをあげることができるし，おそらくそこに登場する主人公としての王侯貴族は，たんに自らの楽しみとするだけではなく，他者に「見せる」ことによって，あまねく天下に自らの「権力のおよぶ範囲の広さ」を示したものと思われる．この精神は広くユーラシア大陸に普遍的であることはすでに述べた．

　ところで，日本においてこのような行為が通時代的であるかというと，これはいささかあやしいのである．もちろん，日本においても動物を飼育する行為が見られないわけではなく，役用家畜，狩猟用動物，犬猫などの飼育史を見ることはできるし，鳥や昆虫類は飼育していたことは，675年に始まった「食肉禁止令」と呼ばれる一連の政策群のなかに，繰り返し鳥類の放生が登場することからも明らかである．放生は飼育している動物をその束縛から解き放つ人間的行為とされるが，その前後では動物を飼育していたことが前提にならざるをえない．ただしここでいう動物とは，おもに野生の鳥類であり，少なくとも異国の哺乳類ではない．異国の哺乳類を飼育して見せるという行為を古代から中世において見出すことがむずかしいのである．

　古代より日本は，大陸文化を受け入れ続けてきた．翻って日本文化が権威をもって大陸文化に影響を与えてきたことはほとんどないといってよい．ユーラシア大陸に普遍的に存在する動物飼育と「見せる」行為は，権力者の威力を示すものであり，威力のおよぶ範囲を示すものであるが，日本においてはそのような威力を示す必要性があまりに希薄である．そしてそのことが日本における珍獣飼育と「見せる」行為を王侯貴族の行為ではなくしてきたと思われる．動物の見世物が，ヨーロッパ諸国が大航海時代を経て日本にやってきた16世紀までしかさかのぼることができないのはそのためと考えられる．

『見世物研究』の著者である朝倉無声によれば，江戸初期寛政年間に京都四条河原の見世物小屋でクジャクが供覧されていたという．以降，クジャク，オウム，ツルなどの鳥類やラクダ，ロバが見世物となっている．18世紀になると，孔雀茶屋と呼ばれる「茶屋」ができる．もはや河原における一時的見世物ではなくなり，市民として公認された町人が，建物と敷地のうちで動物を見せるようになる．同じころ，江戸でも同様の茶屋が両国や上野に開かれる．江戸文化における生物は花卉や盆栽を中心とした植物栽培にあったが，これらに付して動物が配されるようになる．しかしあくまでも，鳥や小動物は付属的展示であり，中・大型哺乳類となると偶然的な単発展示なのである．鎖国時代の日本においては，海外との交流はほぼ幕府に限られていたから，町人が外国産の動物を入手することは困難であったことも関係していようが，それにしても少ない．この時代，長崎にたまたまもたらされた動物は，あるものは受け取りを拒否され，あるものは幕府が受け取り，将軍家に献上され，ときにはその後町人に引き渡された．この引き渡された動物が見世物になったのである．したがって，目的意識を持った蒐集はほとんどなく偶然的に手に入るものであり，野生動物飼育文化は形成されにくかったといってよい．このことは「動物学」が，本草学と呼ばれる生物学のごく一分野を占めていたにすぎないことからもわかる．19世紀の薩摩藩では26代目当主島津重豪が，その別邸である磯庭園で動物を収集・飼育していた事例があり，ほぼ例外的な行為として有名であるが，薩摩は琉球を通じるなどして南方への抜け穴を持っていたがために成立したものと思われる．

　しかしその前に，動物園に類似する諸施設や精神的伝統にかかる議論についてふれておかねばならない．動物園に類似する施設といえば，江戸時代からあった花鳥茶屋と孔雀茶屋，そして見世物小屋であろう．こうした孔雀茶屋，花鳥茶屋はその後の動物園の成立とどのような関係にあるのか．

　確かに「見世物」はさらし者の近似語であり，侮蔑語になるが，考えれば，博物館は見世物館であるともいえる．両者の決定的な違いは，おそらく教育とその背後にある科学，学問，体系であろう．ものを陳列して見せるという同じ行為であっても，その見せる行為の背後に学問性，体系性があるか否かが分水嶺であろう．建物がしっかりしているか否か，展示ケースや資料がきちんとしているか否かなど，博物館法の規定に則っているかなども問題にな

ろうが，これらは技術上の問題でしかなかろう．すでに見たように，「珍種」を見せることをもって「見世物」とは断定できないのである．珍しいということは，反面，知識を新たにすることにつながるからであるし，また，世界の多様性への理解や入口でもある．一方，見るほうからすれば，どのように見せられても「見世物」には違いないことでもある．ここに見せる側と見る側の対立する根拠がある．

　「見る」側の観点からすれば，日本人には伝統がある．すでに述べた四条河原の例をあげてもよい．また，文化史家の川添裕のいうように「珍しいということは，それだけで価値があり，見世物の有資格者である」となろう．またこれらの動物を見て，毛や羽を手に入れれば，それは「ご利益」のあることだった．ヒクイドリの羽は疫病除けのまじないとなり，アザラシは一度見れば無病延命，トラ，ロバましかりであって，珍獣は聖獣や霊獣で「子どもの疱瘡にも効くので幼い子どもの観客の比率が高かったことが予測される」．ラクダのご利益は，「雷よけ，小便は延命の妙薬，図をはっておくと疫病よけ」とされている．ラクダはオス・メスのつがいで観客の前でフレーメンなどしたりしたところから仲がよいとされて，「夫婦和合」にも役立つとされた．こうして物見遊山と霊験が，人をして珍物を見る場所へと引き出してきている．現代でも，類似の行為は動物園に限らず，博物館，美術館，寺社に見られることも指摘しておこう．見世物-博覧会-博物館（美術館）と並べると，まさに珍しいもの（作品）を「見る」系列となる．この系列に当然動物園は含まれるであろう．

　これらの系列を横の系列とするならば，縦の系列は，見せる側にある．これこそが動物園を見世物，そしておそらく博覧会と区別するターニングポイントになるであろう．動物園人の多くは，動物園をいささかなりとも見世物の伝統の系譜に入れることを好まない．

　それには，いくつかの理由が考えられる．1つには動物園が社会的な存在として認められていて，朝倉のいう「際物」ではないことがあるが，おそらく第2には，ひょっとすると見世物レベルにおちいる可能性と不安をつねに抱えているせいもあるだろう．実際，動物園と称するなかには，戦後，多数のアフリカ産大型動物を収集して，全国をめぐって評判をとった「日本動物園」という移動動物園がかつてあった．類似の存在はいまも完全に消え去っ

ているわけではない．見る側からの需要も確固として生き残っているのである．

　見せる側の動物園の論理で説得力があるのは，おそらく設置の目的と理念であろう．そして，その目的がどのようにして実現されてきたかを見ていくのがよい．

1.2　動物園の目的・役割——どのような動物園をつくろうとしたか

(1) 動物園の目的といわれるもの

　動物園で口にされる言葉に，動物園の目的とか役割というのがある．日本動物園水族館協会の飼育ハンドブックは，動物園職員の教科書として使われているが，そのなかでは目的として①教育，②レクリエーション，③自然保護，④研究，の4つを掲げている．また，これを動物園の機能とか役割と呼ぶ人もいていささか混乱気味である．用語の問題からすれば，目的とは設置者側の持っているもので，この4つを達成することを動物園の目的とするということになり，役割とは社会に対して果たしている役割であり，どういう役割を果たしているかという結果が問題になろう．機能とは，設置者の持つ目的と目標が社会に対してどの意味に使っているのか不明なまま使われていることが多い．そこで，ここでは設置者の持つ目的と社会的にどのような役割を果たしたのかの2つの側面から考えてみることにしよう．

　動物園の4つの「目的」が，日本の動物園人の人口に膾炙したのは1970年代であると思われるが，欧米の動物園の輸入品である．だれが定式化したかは不明であり，20世紀初頭から欧米で定着していった．この4つの目的に言及した最初の日本人は，昭和10年に『動物園論』を発表した東京高等獣医学校（現在の日本大学）教員の柏岡民雄であろう．彼は動物園の役割を整理して，ほぼ同様な4つの任務にふれていて，なかでも「通俗教育」（=社会教育）がもっとも重要であるとしている．この見解が，欧米の論調を取り入れたのか，独自の考えだったのかわからないが，動物園の経営を含めて論じた最初の論文であったことは記憶されてよい．

1970年代に入ってアメリカ動物園協会（AZA）のワグナーは，これに「自然認識の場」を付け加えて5つとすることを提唱したが，少なくとも日本では定着しないまま現代に至っている．また，同じくAZAのポラコウスキーは，同様に「地域コミュニティー」との結びつきを，動物園評価の指標に加えているが，これも定着していない．

動物園という存在は，動物を収集，飼育して，展示するところであることは，あらためていうまでもないであろう．そして動物園の目的との関係でいえば，設置者がそのなかでなにを実現しようとするのか，を指標とすべきであろう．

日本の動物園がどのようになにを目的にして発足したかについては，くわしくは第2章に譲るとして，ここで簡単にまとめてみる．発足当時の動物園は，動物の知識を啓発することにあった．その後，大正から昭和にかけて，都市化やレクリエーションの波のなかで，遊園地型動物園と都市開発の一環として建設され，そのなかで，上野は孤高の存在であり，むしろ例外的な存在としてあった．戦時中の猛獣処分などの影響を受け，動物園は子どものために施設として再認識され，レクリエーション産業の先端を走る．昭和20-30年代の動物園には目的は不要であった．子どもたちに楽しみを与えることに専念していたといってもよい．昭和40年代に入り，世相も落ち着き，海外の動物園との協力，交流が進むなかで，上記の4つの目的が輸入され，これが定式化して現在に至っている．その間，動物園はつねに，見世物というある種の需要を持った落とし穴を避けようとして生きてきた．それは成功しているのだろうか．現代の動物園はなにを指標として運営されようとしているのか．この点を設置者・管理者の観点から見ていくことにしよう．

（2）教育

まず最初に動物園の教育についてである．戦後になって子どものための動物園という性格が鮮明になるにしたがい，動物園での教育活動とは，とりもなおさず子どもの情操教育であった．動物園内の一部に設置された子ども動物園がそれを代表している．子どもの教育を専門とする動物園——埼玉こども動物自然公園が開園したのは，昭和55年で，これは体系化された大規模な最初の子ども動物園といえるが，それ以前にも実質的には同様の動物園は

いくつか数えることができる．動物教育に関しては，昭和31年に開園した日本モンキーセンターが教育担当を置いたのが最初であるが，歴史的には例外に属する．この後，動物教育は等閑視される傾向があったが，昭和49年，東京都に教育専門のボランティアが発足し，その後多くの動物園ではボランティアによって教育活動は担われることになる．動物のことを専門的に教育する機能が動物園内で設置されるのは，昭和62年，やはり東京都で発足した動物解説員の制度である．平成に入って，いくつかの動物園で教育・普及を専門とする組織——多くの場合，係組織であるが——がつくられ，現在では飼育担当者が利用者の前で話すガイドは常識に近くなってきている．また，小中学校に導入された「総合的な学習の時間」は，動物園で教育活動がなかば義務づけられる需要をつくり，活動の下支えになっているということができる．

現代における教育活動についての詳細は第4章に述べることになるが，動物園側の活動基盤はできつつあり，また利用者側もその活動を認知していることから，基盤形成はできているといえるであろう．動物園に関する論客は，少なからずいるが，教育活動不在を嘆く論者は最近になって少なくなった．おそらく現在の教育での課題は，方法と内容の充実に移っているであろう．東京動物園ボランティアーズの設立者である正田陽一は，「動物園の目的は教育にある」と断言している．

（3）自然保護

野生動物にかかわる自然保護といえば，生息地環境の保全であろうが，動物園に関してはその中心は絶滅危惧種の保全，とくに生息域外（＝動物園内）での繁殖が主たる課題である．日本の動物園が最初に手がけた種の保全活動は，トキの保護である．昭和43年，東京都の3つの動物園によってトキ保護実行委員会が設立され，研究に着手したのが最初で，昭和46年には新たに開園した安佐動物公園がオオサンショウウオの保全に取り組んでいる．しかしスタートの早さとは裏腹に，この2つの活動以後，はかばかしい活動は展開されていない．

昭和63年，東京都で始められた「ズーストック計画」は，動物園内での繁殖の推進であり，具体的な方針も明確にされたこともあって，その後各地

で同趣旨の計画もつくられ，共同繁殖プロジェクトもいくつか進められている．

動物園の直接的利害と関係のある活動は比較的順調にいっているが，生息地における繁殖などの自然保護活動はなかなか進まないという結果になっている．

日本の動物園が絶滅危惧種の生息地域内での保全活動を進めるうえでは，いくつかの困難がある．まず動物園がこうした事業に乗り出すことへの出資者，公立動物園にあっては事務当局の理解を得られていないことがある．動物園の目的であるとされている自然保護が，利用者——スポンサーの動物園観に必ずしも受容されていないことを意味する．生息地内での保護には，地元の協力やそれなりの資金を必要とし，ある程度自由に活動できるスタッフが不可欠であるが，こうした資金的・人的余裕をつくりだせないでいることが第2の理由であろう．結論的にいえば，園側の掲げる自然保護は動物園内での繁殖＝野生から新たな個体を持ち込まないこと，野生動物の保護をキャンペーンする活動，および技術的な協力に限定されることになろう．

（4）研究

動物園が目的とする研究とは，具体的にはなにを意味しているのであろうか．常識的に理解されるところでは，飼育している動物の飼育下における生態および野生における生態を，動物園職員が研究することにあろう．しかし，佐々木時雄がいうように，ロンドン動物学協会はあくまでも動物学全般にかかわる研究を行う．ロンドンの場合，協会が動物園を経営していたので，この主客の混在は日本においては理解しにくい部分である．

日本で最初に研究部門と専門家を動物園に取り込んだのは，昭和31年に設立された日本モンキーセンターであるが，このケースはロンドン動物園型の研究体制であり，動物園での動物をもっぱら研究することに限定されていない．研究フィールドの1つとして動物園がある．

日本動物園水族館協会は，動物園職員の研究活動を保障する場として，昭和34年から研究誌「日本動物園水族館雑誌」を発行しているが，掲載論文中に占める動物園関係者の比率は低く，3分の2近くが水族館関係者である．飼育担当や臨床獣医が行う研究活動の対象は，おそらく動物園で飼われてい

る動物に限定されざるをえない．動物園の研究を，専門の研究員中心にすべきか，飼育職員を含めて一般の動物園職員を対象にするかなど，課題の多い分野であるといわなければならない．

（5）レクリエーション

　動物園は博物館の一部として発足したから，その主目的は教育にあったが，それはつねにレクリエーションと対になって語られてきた．上野の開園に向けて報告した佐野常民は，「此ニ遊フ者ヲシテ一時ノ快楽ヲ取リ其ノ眼目ノ教ヘヲ享ケ不識不知開知ノ域ニ進ミ」として，博物館としてレクリエーションと教育を協同させようとしている．そしてまた動物園への民衆の期待もここにあった．たんに動物を見る楽しみではなく，屋外で散策しながら気分を一新して動物という存在を知ることにあった．動物園を見世物や娯楽施設と決定的に区別するところは，都会的雑踏や狭い建物のなかから離れ，植物のある公園的雰囲気のなかでレクリエーションすることなのである．

　レクリエーションとしての動物園は，これまで一貫してその役割を果たしてきたかといえば，必ずしもそうとはいえない．それは動物園の入園者の年齢構成を見るとわかる．明治から戦前までは大人の入園者が子どもを上回っており，動物園が大人と子どもが同時に訪れる施設として機能していた．戦後は，子どものための動物園という考え方が前面に出て，そのことで人気を得るに至った．とはいえ，依然として大人の利用者が多い時代が続く．子どもに仮託して大人も楽しみにきていたこともあろう．昭和40年代からであろうか，子どもの年齢が著しく下がり始めた．小学生が遠足以外では動物園にこなくなってきて，東京ディズニーランド（TDL）が開設される昭和50年代以後は，少なくとも小学校高学年から中学生は，入園者構成のなかで谷間になっている．具体的には，2-4歳とその親の世代（30歳代）がもっとも多く，5-8歳では遠足の団体中心となり，10歳を超えるとほとんどこなくなる．地域によっても変動するかもしれないが，誘致圏内に住む年齢構成と来園者の年齢構成とは著しく乖離している．その意味では大人のためのレクリエーション機能は著しく低下しているのである．この要因は単純ではないが，このことへの指摘が少ないことに驚かされるし，その意味では大きな問題を抱えている分野である．

動物園が掲げる4つの目的を十分に果たしてきたかについてはいささか疑問が残る．またそもそも，動物園の「目的」が4つなのかもあやしいままに，常識化して定着している．現場で動物園を担っている職員からすれば，4つの目的が，どのような関係にあり，自分たちがそのどれを担うべきなのかが見えにくい．そのためか，動物園の持っている本来の役割を自覚しにくいのである．他方，世界的には動物園に要求される課題はますます大きくなってきている．世界動物園水族館協会（WAZA）では，「世界動物園水族館保全戦略」(略称 WZACS) を掲げて，数年ごとにこれを更新して，高度化することを追究している．この戦略と日本の現状とを比べて，日本の動物園が遅れていると主張するのは簡単かもしれない．しかし，「動物園の戦略」が世界共通であるかどうかは，これまた疑問である．少なくとも，彼我の違いを強調して嘆くのは，任務の放棄であることは，明治年間に動物園監督も務めた東京大学教授の石川千代松をはじめとした，これまでの論者と同じ轍を踏むことになる．動物園がなにをすべきかは，つねに動物園が社会的になにを求められているかとの関係のなかで問題にされるべきであろうことをここで確認しておくにとどめよう．

ここで目を転じて，現代の動物園への需要について考えてみよう．1970年代，ジャイアントパンダが国民的人気を得て，上野動物園の入園者が700万人を超え，いままた旭山動物園が爆発的人気を得ていることを考えると，動物園側の努力や工夫とは別に，動物をおもしろく見るという要望が根強く存在していることがわかる．テレビの動物番組についても同様である．動物園は落とし穴に囲まれている．この落とし穴こそが，大衆的支持を得ている理由ともなり，見世物に堕する誘惑ともなっている．利用者の要望に応えるという姿勢は，あくまでも限定つきで実施しなければならないことにならざるをえないのである．

1.3　現代動物園を考える視点

(1) 動物の飼育

動物を飼育するという動物園の基本にかかる行為は，一見動物園の目的と

は無縁のように思われるが，動物園を考える際には不可欠である．なぜならば，かつて外国産野生動物の収集や展示が偶発的で散発的であった事実は，これらの動物を長く飼育できなかったことと関係しているからである．動物の長期飼育と繁殖は長い間，日本の動物園の課題であった．1960-70年代，神戸の王子動物園長であった山本鎮郎は，遠慮がちにつぎのように述べている．「動物への管理責任は……たんに維持ではなく，1. できるだけ永生きさせる，2. できれば繁殖させる」．繁殖は期待されることではあっても，実現するのは，ある種の「理想」であった時代が，ほんの数十年前にあったのだ．

　ここでは哺乳類に焦点をあてて考えてみることにしたい．すでに見たように鳥・魚・虫は，日本文化としてはかなりの飼育経験を有していたと考えられるからである．

　まず飼育するという視点から検討してみよう．異国の動物を飼うことへの手始めはおそらくなにを食べるか，すなわち飼料を特定することであろう．江戸時代に来日した中・大型哺乳類の代表としてはラクダをあげることができる．動物学者梶島孝雄や朝倉無聲の見解を総合すれば，ラクダは推古，斉明，天武年間に来日しているが，以来とだえており，江戸期になって，正保3年（1646）に幕府に献上された．また享和3年（1803）にもアメリカ船が持ち込んだが，受け取らなかったとされる．文政4年（1821）にヒトコブラクダがオランダ船によって持ち込まれ，長崎のオランダ屋敷に飼われていて，その後，興行師として全国各地を巡回した．日本の動物誌は，『本草綱目』など明代中国の博物誌を参考にしていることから，このヒトコブラクダに関してはいささか混乱が見られる．性質や行動に関する言述は，フタコブラクダのものと見られ，なかには「百品考」のように「眞ノ駝ハ背上に肉峯隆起ス」などとあたかもできこないであるかの表現のものもある．ところでその食性については，一度に大食すること，反芻すること，飼うのが容易な獣であるとされている．見世物場では，大根などの野菜や薩摩芋を顧客に売ってラクダに食べさせたという．これらの記事から見えるのは，庶民は動物の生態にはあまり興味を示していない，ということである．日本における野生哺乳類の飼育業務の多くは賤民の担当するところであったことも，動物を実際に飼うことへの忌避感があったと想像できる．飼育して見せるという行為は，一般庶民とは切り離されていた可能性が高く，鳥，魚，虫やハツカネズ

ミ類の飼育以外は庶民に定着していない．大名ほどの王侯貴族についても，この飼育する行為が切り離されているために，見せることが少なかった一因とも考えられる．いずれにしろ，ラクダに限らず，異国の大型哺乳類は鎖国による制限と飼育行為者の賤民視によって，江戸時代にはたまたま興行師の手に入ることはあっても，市中では通常の行為にはなりにくく，飼育する伝統は形成されていない．

明治期に上野にはオランウータンやテングザルなどの珍獣が来園している．オランウータンは当時，「猩々」と呼ばれていた．「猩々」といえば，じつは中国の伝説上の動物で，倭名類聚抄に「獣身人面，好みて酒を飲む者也」とあって，この性格は謡曲によって伝えられ，よく知られていたため，オランウータンの姿を見て，猩々に酒を飲ませないのかといわれた．動物園ではさすがに酒は飲ませないものの，果実や葉食であることが理解されず，イモや根菜類を食べさせて早死にしている．テングザルも同様で，ありとあらゆる根菜類や果実を与えたが食べなかったと当時の黒川園長は述懐している．テングザルは2回来日しているが，いずれも早死にしてしまった．

明治25年，日本初の動物園獣医師として上野に雇われた黒川義太郎は，昭和7年に退職するまで40年間動物飼育の責任者であり，園長であった．この間の事情については彼の著書や日誌によってうかがい知れる．しかしその記述のなかには，動物の入手，搬送，飼料，治療などの内容は比較的多岐にわたっているにもかかわらず，飼育技術にかかわる記事はほとんど見られない．当時の課題は，動物の長期飼育であったはずで，したがって当然最大の関心であったはずなのだが，それに腐心している様子が見られないのである．上野動物園で部分的であれ，飼育記録が作成され始めるのは，彼の退職後，昭和10年ごろである．

当時の飼育係であった高橋峯吉の著書からも，動物への愛情と飼育への情熱はあふれんばかりに受け取れるのであるが，飼育状態の向上については，上司になにをいっても聞いてくれないといった，あきらめの感情が見てとれる．こと動物飼育に関しては，現場の職人的技能に依存していたことがわかる．技術の安定・確立という指向はないかのようだ．

昭和期の飼育技術の基本は，来園した動物を気候と人に馴らすことにあったといってよい．現在と異なり，多くの動物が野生由来の個体であったから，

環境に順応できない個体ならば死ぬのはやむをえないとされた．また，飼育係をはじめ多くの人が動物に接近せざるをえないので，人への恐怖感を取り除くことが重要とされていた．昭和40年代までは，飼育係は自分のメモ帳を持っていて，重要なことはそこに記載しておいて他人には見せないことが慣習のようになっていた．また施設としても，大型動物を広い運動場で飼育する方式が取り入れられるのは，昭和40年代であり，強化ガラスによって人と隔離され，接近するのは，ガラスの技術的発展を待たねばならなかった．野生動物の長期飼育は，動物園の願望であり，多くの努力が費やされたが，飼育技術の体系化がなされるのは遅かったのである．

(2) 外国の動物園の受け止め──モデルとしてのヨーロッパ

上野動物園にモデルとして具体的にどこかの動物園があったわけではない．博物館のモデルとしては，ロンドンのサウスケンジントンであったとされているが，具体的なイメージはなく，あくまでも博物館に付属してあるべきところという理解から出発している．悲劇の1つはここにある．動物園関係者として最初にヨーロッパを訪れたのは，明治19年，石川千代松であるが，このときは動物園に関心を持っておらず，自分の研究に専念している．石川が動物園を見にいったのは，明治41年であり，それから15年以上経って，東京市が上野動物園の移管を受けて改善策を検討するために渡欧した井下清，動物学者として動物園に興味を抱いた小泉丹，京都市動物園長を務めた川村多實二が，それぞれ戦前に報告とコメントを出している．彼らの報告は，それぞれおもしろいが，1つ1つを取り上げることができないので，まとめて検討してみよう．

4人にはつぎの共通点を見出すことができる．
 ①樹木が多く，公園のようである（石川，川村，小泉）．
 ②動物舎は広く，動物が楽しそうである（石川，川村，小泉，井下）．
 ③動物学にもとづく説明がなされている．標本などがあり学術的である（石川，川村，小泉）．
 ④ハーゲンベック動物園がすばらしい（石川，川村，小泉，井下）．
 ⑤動物のコレクションが豊富である（石川，川村，小泉，井下）．
その他のコメントとしては，まず石川は，上野動物園と博物館を免職され

た数年後だったこともあり，彼我の対比をして，「月とすっぽん，いやそれ以上」などと日本の動物園を酷評している．川村，井下は，両者ともこれから動物園の改善策をつくらなければならない立場にあって，そんなことはいえない．また小泉は日本の動物園との比較を避けるように努力しているが，否定的であることには違いない．

　川村は，動物飼育についてふれており，長期飼育に関心を示した．井下はより実践的で，飼育から始まり市民の楽しみまで広範囲なコメントを出しているが，学術的な研究機関をつくることについては，動物園の目的ではないと否定的である．日欧を比較すればその結果は歴然としているが，実践的な改善策を見出せないままに，それを語ってしまえば，夢物語に堕してしまうから，あきらめが先行する結果に終わる．その点では，井下の主張は自らが管理運営の実権を把握している主体であったせいか，きわめて冷静である．実際，彼らが一様にモデルとして掲げるハーゲンベックスタイルの一端を最初に導入したのは東京市に移管されて以後の上野である．その後名古屋市の東山動物園は，ハーゲンベックの直接の指導を受けて，開園された．以後は，戦後の郊外動物園の発展を待たねばならない．

　その後，アメリカがモデルに加わっていったが，多くの地方の動物園にとってのモデルとして機能したのは上野であった．昭和20-30年代，繰り返して訪れる動物園ブームの際に建設された動物園は，上野を見ていた．昭和30年代後半からの動物園は上野動物園長古賀忠道の指導によるものが多く，古賀自身は地域の特質を生かす動物園づくりをめざしたが，その基礎に上野があるのは消し去ることはできない．日本の動物園がそれぞれの特色を鮮明にし始めるのは昭和40年代である．ここまで振り返ってみれば，欧米をモデルにして成功した動物園は皆無に等しい．日本の動物園はヨーロッパの概念によってつくられたが，実際それを適用してつくられるのは，せいぜいハーゲンベック型の動物舎で，ここの技術は借用されたものの，動物園の計画や設計として欧米の動物園モデルが使われた形跡は戦後までほとんど見られず，基本的に日本独自の動物園であったといってよいのである．

（3）学者・学会・学問

　日本の動物園は博物館に付属して発祥して，科学性をめざしていたが，そ

れを支える人的資源を欠いたまま，外国産動物，珍獣によって大衆的な人気を得て，日本社会に定着した．人的資源を欠いていたと述べたが，それは動物学者が関与しなかったという意味ではない．明治時代の日本動物学界の第一人者であった石川千代松は，明治20年代から上野に関与していたし，昭和初期京都大学の動物学教授である川村多實二はほんの一時京都の園長を務めた．いずれも挫折して動物園を去っていった．両者が動物園を去った理由は，それぞれ違うが，そこには当時の動物園が抱える問題が，そして今日でもかたちを変えて存在する問題が見えてくる．彼らは学者であっても，有能な運営者ではなかったし，野生動物の飼育指導をすることもできなかった．学者の参加がなかったから動物園が低調だったという問題ではないのである．

　日本の学術的世界そのものが，野生動物，とりわけ，けもの（哺乳類）の生態など，今日の野生動物学研究への姿勢を欠いていた．考えてみれば，江戸時代隆盛を極めた本草学は，その名でもわかるように植物学を中心としていて，動物学は，本草学の一部を構成していたが，鳥や虫の研究が中心である．そして鳥と虫の飼育に関しては，日本はきわめて優れた技術を蓄積している．明治になって移入された動物学は，東京帝国大学の動物学教室で始まったといって過言でないが，その主任教授ともいえるモースの専門は腕足類である．モースの弟子である石川千代松も専門分野は無脊椎動物である．そもそも野生という言葉が，いささか「下卑た」，低級な意味で使われていた．ちなみにモースは，彼らの弟子たちが後に上野動物園で活動したにもかかわらず，滞日期間中，上野動物園を訪れていない．モースの関心は「教育博物館（後の科学博物館）」にあった．

　黒川義太郎の後を継いで上野の園長となった代表的動物園人である古賀忠道は，「明治大正の上野動物園は"見世物小屋"の大がかりなものにすぎなかったといえましょう」と述懐している．では古賀はどのようにして大がかりな見世物小屋から抜け出そうとしたか．彼は動物園の長期飼育と繁殖，そしてそれを可能にする科学と学問に取り組んでいった．他面，施設の側面では，井下が生息地の環境に似せるハーゲンベックの展示を行っていたこともあり，これらの合体が「ほんとうの」動物園だと考え，それを実行することで「見世物」から退却できたと考えた．

（4）「動物園」への異論

　本書では「動物園」という用語の是非については不問に付したまま使用してきたが，動物園という呼び名に異論があることについてふれておこう．問題を提起したのは前述の川村である．動物園は元来が Zoological Garden の翻訳であるから，Zoological，すなわち動物学の庭園であると述べた．川村の意図は，動物園に科学的な観点を導入すべきだというところにあったようだが，佐々木はさらに強調して「動物園と訳したことが日本の動物園から学問性，科学性を奪いさる一因となった」として，「動物学園」とすべきであったと主張する．近代動物園の魁となったロンドン動物園は，The Zoological Society of London によって開設され，呼称は London Zoological Garden となっていても当然であるが，当時を語る文書，図面などには London Zoological Garden とともに Gardens of the Zoological Society of London, Regent's Park と記されているものが多い．つまり，動物学（協）会によって経営されている庭園である．問題の核心は，動物園が先にあったのではなく，動物学を研究する協会（学会）が動物園を設立して，経営したことにある．現在では Zoo もしくは London Zoo と表記されていて，施設の名称として Zoological Garden と表現されたものは少ないのである．

　今日，ほぼ全世界的に表記されている ZOO の名称は，ロンドン動物園がスタートしてから 40 年以上経った 1870 年ごろ，ロンドンのミュージックホールで G. ヴァンスという歌手が歌った「ZOO での散歩はいいものだ」が流行して定着したものである．偶然ではあるが福沢諭吉が「動物園」という日本語を「発明」した時期とほぼ重なる．近代社会が健全な大衆文化を定着させ，動物の保護も安定してくる時代でもある．要するに動物園が大衆化し普及した時代にあっては，ZOO が使われてきたといってもよい．一種の階級社会であったし，いまでもその跡は深く刻まれているイギリスの中産階級の象徴でもあった会員制の Zoological Gardens は，ZOO になることによって本質的に大衆化したといってもさしつかえない．しかし ZOO と呼ばれるようになったからといって，卑俗化したわけではない．

　まったく別の観点から「動物学園」を検討してみると，「動物学園」は日本語としてはまことに成熟していない熟語である．「動物学」「庭園」なのか

「動物」「学園」なのかも不明確であり，おそらく直訳してこの言葉を使用したとすれば，すぐに見向きもされなくなったと容易に想像できる．佐々木は，動物園を通して日本社会の非科学性を，そして娯楽性の強さを憂いていたから先のような表現になったと思われる．ちなみに，これまで博物館を博物学館と呼ぼうという人はいないことを対比してみればよい．

　動物園は大衆庶民に動物を見せる施設であることはいうまでもないが，多くの人に「見せる」という動物園の行為が，動物園のまず第1の仕事であると考えれば，「動物園」という用語がまことに適切な言葉であったといわねばならない．動物園の4つの目的のうち，「研究」については少し位置を異にすると思われるが，残りのすべては動物を見せる行為と密接に関係している．「動物を見る」大衆と「動物園の目的・使命」を果たそうとする動物園側の方向とは必ずしも同じものではないことはすでに述べたが，佐々木にはこの後者の観念が強すぎるのである．またヨーロッパやアメリカの動物園のほとんどは，今日自らをZOOと呼んでいる．そのなかには少数ではあるが，その運営主体として「動物学協会」があるのだ．ZOOという大衆的な施設が，動物学研究によって支えられていることの表現として，Zoological Society があると考えるべきなのである．

1.4　再び日本社会における動物園とは——動物園の構造

　動物園人が目的とし，目標とする方向を自覚し，なおかつ来園者がそれに対応するには，動物園の仕事の構造をわかりやすく整理しておく必要がある．まず，第1の軸は，「収集-飼育-展示」である．収集は，今日においては動物園での繁殖技術の向上によって野生からの持ち込みが少なくなり，また飼育技術の向上で長期飼育が可能になったから，少なくとも世界的スケールで考えるならば，「飼育・繁殖-展示」と考えてもよかろう．もちろん，飼育・繁殖に問題がないわけではない．

　つぎに，来園者へのアウトプットを見てみると，「展示」の一点に集約される．動物園は都市固有の施設である．農山漁村に動物園が存在しないのは，集客上の問題もあるが，それが都市固有のもので，そこへ野生動物を持ち込んでいることにある．端的にいえば，自然（野生）-都市という対立構造のな

かに媒介物として都市内に持ち込まれたメディアである．動物園の動物たちが，ときに自然からの，遠い国からの「大使」と呼ばれるのはそのためである．メディアであるならば，メディアとしてどのような表現があるのだろうか．展示による表現効果の軸には，「楽しい-多様な動物を見る-自然（野生）との関係」と「楽しい-行動や形態を見る-動物のことを知る」という2つがある．動物園は大衆的な施設であり，その利用者がごく普通の市民であることは，各種の調査でも明らかになっている．自然保護などへの興味などを聞いても，国民的な調査への回答とまったく変わらない．その意味では「楽しい」ことは必須の条件となる．そしてその楽しさのなかで，世界のさまざまな動物の生きている姿を見る．

多様な野生動物のなかに見出される情報は，前述のように2つに分かれる．第1は，動物界の多様性であり，第2は形態や行動などの特徴である．

第1の多様性については，情報の方向ははっきりしている．動物種の多くは減少の一途をたどり，生息地域は縮小し，環境は失われつつあるからだ．このメッセージは多様性の保持であり，自然保護の必要性である．動物園が野生から動物を捕獲することが少なくなり，動物園内での繁殖でまかなおうとしていることもこの認識への手助けになるだろう．またパンダのようなスーパータレントが絶滅の危機を迎えているというメッセージは，感情的な側面からも訴えかける力は大きい．

第2の形態や行動を通じて動物を知ることに関しては，方向は多様である．

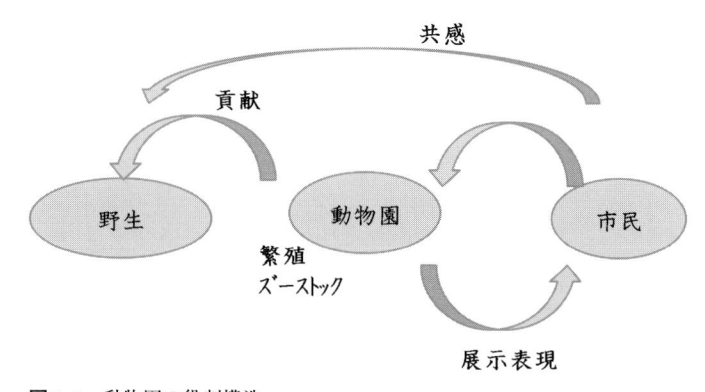

図1.8 動物園の役割構造．

むしろ動物界への安易な理解よりも，その奥深さの感性的なメッセージが重要となる．

　この2つのメッセージを総合すれば，やはり動物界——自然界の多様性，奥深さ，そしてそれを保つことに帰着するといえよう．動物園の構造は，自然→動物園→市民へのメッセージ→市民の自然界への理解・共感と保護の流れが中心軸になると結論できるのである．

　動物園の構造をこのように理解すれば，まず職員の仕事はこの流れを推進し，大きな流れをつくりだすことに集中できるし，自分がそのなかでなにをすればよいかがはっきりする．

　「動物園の4つの役割は，西欧より遅れた『途上国』日本の動物園としては，追いつき追い越すための基準として，達成しなければならないモデルとして語られてきた．しかも相互の関連も，4つのうちどの役割をどの程度果たすべきかの比重も明らかにされないまま語られてきたために，現実の課題として受け止められにくく，現場の混乱を引き起こし，免罪符のような存在に堕してしまった」といった混乱を最小限にすることが可能になる．

　同時に来園者も楽しい雰囲気のなかであればこそ，容易にメッセージを受け取ることが可能になる．ここで付記しておくが，職員とメッセージとの関係は，職員が言葉や文字媒体で表現することよりはむしろすべての来園者が必ず見る「動物の展示」を通じてそのメッセージを表現することに他ならない．「動物に語ってもらう」のであり，言葉や文字は補助的手段であるといえる．

第2章　動物園の歴史

2.1　日本の動物園の始まり

（1）移入された動物園

　長い鎖国が明けてから明治維新を前後するころ，幕末・明治の高官たちはこぞってヨーロッパへと視察の旅に出かけている．黒船渡来以後の西洋文化の圧倒的な力量を前にして，それらの成果品を求めて西欧諸国へと渡航し始める．とりわけ明治維新以後，文明開化が叫ばれ，旧制度を一斉に改正する必要にかられた明治政府は，制度から文物，機械に至るまですべてのものの取り込みに奔走する．

　彼らが西欧で見たものは，近代社会が確立された時期のヨーロッパであった．そしてまた文化と科学技術の粋を結集した博覧会であり，世界の文物を集めた博物館，そして世界中から集められた珍獣を展示する動物園であった．ヨーロッパは博物学と技術文明全盛の時代だったのである．彼らは一様に博覧会と博物館にひきつけられる．日本でも同様の博物館をつくりたい，その準備として国内産の科学と技術，博物を集めて博覧会を開催したい．帰国した博物学徒は，博覧会の会場と予算を求めて奔走する．その間，明治6年の政変，西南戦争，大久保利通の暗殺など幾多の困難に遭遇しながらも，内国博覧会を開催するのに成功して，明治15年，博物館と動物園の建設にこぎつけていった．

（2）動物園の認識と名称

　動物園の存在を日本に最初に紹介したのは福沢諭吉である．福沢諭吉は，

文久2年（1862），幕府の派遣した遣欧使節団の一員としてヨーロッパに赴いた．文久使節団と呼ばれることになるこの使節団は，フランス，イギリス，オランダ，ドイツなどヨーロッパの主要国を，半年ほど歴訪して友好と視察をしている．そのおもな目的は，ヨーロッパ諸国から突きつけられていた江戸をはじめとする諸港の早期開港の要求を延期してもらうことにあったが，随行者たちの多くは，どの国からなにを得るかの探訪に興味があったといえよう．それゆえ，できる限り多くの施設を訪れて見聞し，報告するのが重要な任務の1つであり，随行者の多くが日記や記録を残している．旅行中の圧巻は，ロンドン万国博覧会であった．使節団は，博覧会開会の前日ロンドンに到着する．この博覧会は，1851年ロンドン，1855年パリで開かれた万国博覧会に引き続く第3回目の万博であったが，イギリスの科学と技術の粋を集めて開催されたもので，イギリス公使オールコックが日本滞在中に収集した日本の骨董品なども展示され，ヨーロッパ・ジャポニズムを刺激している．ところで万国博は当然のこととして，使節団の一行は，パリのジャルダン・

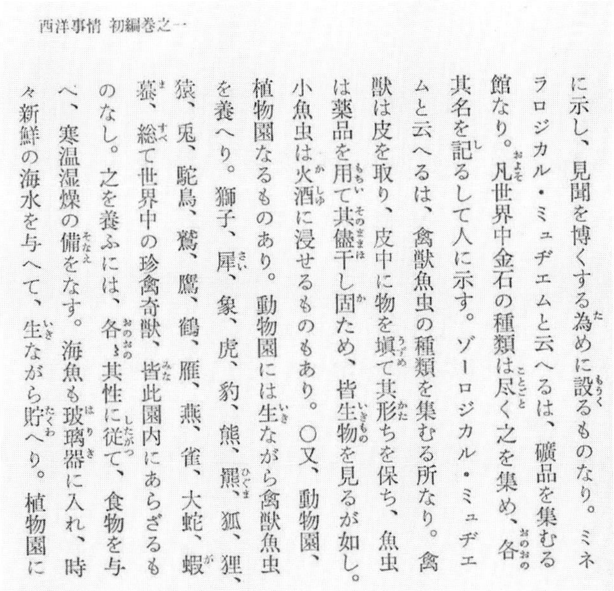
西洋事情 初編巻之一

に示し、見聞を博くする為めに設るものなり。ミネラロジカル・ミュヂエムと云へるは、礦品を集むる館なり。凡世界中金石の種類は尽く之を集め、各其名を記るして人に示す。ゾーロジカル・ミュヂエムと云へるは、禽獣魚虫の種類を集むる所なり。禽獣は皮を取り、皮中に物を填て其形ちを保ち、魚虫は薬品を用て其儘干し固ため、皆生物を見るが如し。小魚虫は火酒に浸せるものもあり。〇又、動物園、植物園なるものあり。動物園には生ながら禽獣魚虫を養へり。獅子、犀、象、虎、豹、熊、羆、狐、狸、猿、兎、駝鳥、鷲、鷹、鶴、雁、燕、雀、大蛇、蝦蟇、総て世界中の珍禽奇獣、皆此園内にあらざるものなし。之を養ふには、各〻其性に従て、食物を与へ、寒温湿燥の備をなす。海魚も玻璃器に入れ、時々新鮮の海水を与へて、生ながら貯へり。植物園に

図2.1　福沢諭吉著『西洋事情』（1866）．

デ・プラント，ロンドン動物園，ロッテルダム動物園，アムステルダム動物園，ベルリン動物園などを見ている．彼らの記録の表現を借りると，動物園（Zoological Gardens）は「遊園」「禽獣園」「禽獣飼立場」「鳥畜館」「畜獣園」などさまざまな訳語があてられている．この後も，他の訪問者たちによって「鳥獣花園」「動物館」「生霊苑」などの用語が用いられている．ちなみに彼らが見た動物は，キリン，カバ，ニシキヘビ，カンガルーなどであり，設置の目的としては博物への知識とレクリエーションであろうと判断している．いずれにしろ「動物」という包括的な概念はそのころの日本にはなく，哺乳類は獣，鳥類は鳥，禽類であった．ちなみに，江戸時代における動物の分類でこれ以外にあるのは，魚と虫くらいである．そして「動物園」という用語が世に出されたのは，あらためて一般向けに書き起こした慶応2年（1866）の『西洋事情』によってであるが，それがただちに人口に膾炙したわけではなく，上述のようにさまざまな名前で呼ばれる時期が続き，明治15年に上野動物園が開園するまで安定していない．

（3）博覧会・博物館——山下町

　慶応3年（1867），幕末の動乱のさなか，パリで万国博が開催されることが決まっていた．フランスは幕府に，イギリスは薩摩に出品を要請する．フランスの注文には，日本の昆虫標本の出品が含まれていた．このとき，昆虫標本の作製を任されたのが，幕府の開成所にいて，後に博物館建設に尽力する田中芳男である．そしてパリ万博から帰国した田中芳男を待っていたのは，大政奉還であった．

　田中は幕府の下僚であったが，その専門的知識が評価されたのであろう，新政府に身分をそのまま引き継がれ，一旦大阪に赴任した後，明治3年再び東京に帰り，大学南校の物産局に戻ってくる．かつての開成所は，開成校を経て大学南校と名称が改まっていた．物産局では，パリでの経験を生かして博覧会を企画する．この日本最初の博覧会は明治4年，九段の招魂社（靖国神社）で開催され，自然に産するもの（天産物）と機械などの殖産物を展示して，成功裡に終わった．

　このころ新政府は，モデルをヨーロッパに求め，旧制度の改革に大わらわであった．大学南校は，他の大学を合わせて明治4年に文部省となり，物産

局もその一部となるが，さらに物産局は博物局と改名される．続いて，湯島の旧昌平坂学問所を博物館と呼び，ここで古器物の展示会を催すなど，博物関係の制度も充実されていく．こうしたなかで田中は，自然科学関係の普及の場を求めて新制度立案と博覧会の開催，博物館の建設に奔走している．

　明治6年（1873）には，ウィーンで万国博覧会が開かれる．明治5年，政府は全国に出品を求め続々と物産が集まったが，その収納に新たな土地が必要となり，桜田門外近くの内山下町に博覧会事務局を置くことになる．全国の品々は，各々1対集められ，1つはウィーンに，1つは博覧会事務局に置かれることになっていたから，内山下町自身が1つの博物館の様相を呈してくることになる．実際，これらの物品を展示して，明治7年から山下町博物館として一般に公開される．

　一方，ウィーンでは，政府高官の半数を含んだ岩倉使節団と呼ばれる一行がアメリカを経由してヨーロッパに赴いており，万博を視察している．彼らも一様に，技術と物産，それらを比較することが富国に役立つことを学んでいる．こうして政府高官の間には，博覧会，博物館の観念が定着していく．岩倉使節団の旅程を記録した久米邦武の『米欧回覧実記』によれば，サンフランシスコ，ロンドン，パリ，アムステルダム，ベルリン，ハンブルグの6カ所の動物園を訪問した．言語学者の中野美代子によれば，久米は動物園を見て「園遊の地」という認識を超えておらず，使節団の一行は，その後の動物園設置になんらの建白もしていないと指摘している．動物園の科学的意味については理解がおよんでいないのも事実であろう．野生動物学は明治初期の文明開化期にあっては，久米のいう「有形理学」ではなく，およそ実学とはいえないからである．

　ところで内山下町にある博物館では，どのような動物が展示されていたのだろうか．明治6年，ウィーンに持参したなかには，生きた動物はほとんどいなかったと思われる．動物は標本にとどめられていたであろう．山下町博物館の動物展示については明治8年のリストが残されていて，そこにはニホンザル，キツネ，クマ，タヌキ，オットセイ，イノシシ，シカ，リス，ヤマネ，ワシ（北海道），シマトビ，ハクチョウなどが並んでいる．外国産では台湾産ヤマネコ，広東産スイギュウ，クジャクなどである．コレクションとしてはとても豊富とはいえない．

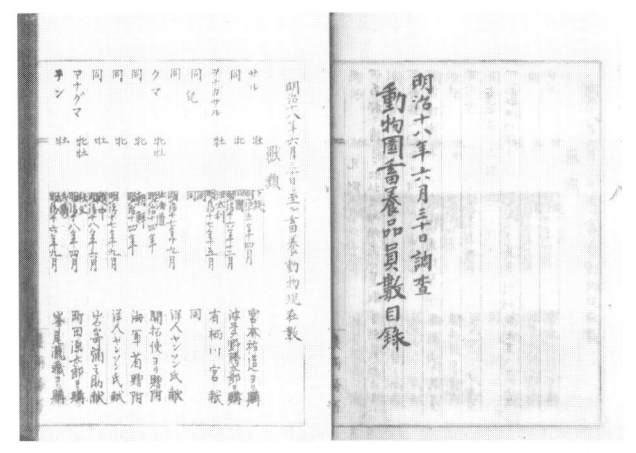

図 2.2 明治 18 年度末の上野動物園動物リスト（東京国立博物館所蔵・動物録）．

（4）上野の山をめぐって

博物館が内山下町を引き払ってから上野に建設されるに至るには，上野の山をめぐる複雑な経過がある．その詳細については，いくつかの文献にゆだねることとして，簡単に跡を追ってみることにする．

上野の山は，もともと徳川家の菩提寺である寛永寺の敷地であった．大政奉還に抵抗した彰義隊が敗北したとき，寛永寺は焼け，上野の山はそのまま放置されていた．より正確には土地の利用をめぐって決着がつかなかったといってよい．

上野の山の利用をめぐっては，後に東京大学医学部となる大学東校や陸軍などが争奪を繰り広げていたが，ほかならぬ大学東校の教員であったボードワンの提案もあって，明治 6 年に公園の指定を受け，再生することとなった．そこに博物局が名乗りをあげたのである．ウィーンに行っていて不在の田中芳男に代わって，盟友町田久成が「博物館建設ノ議」と題する建議書を提出している．それによれば，山下町は都市中心部にあって狭隘でもあり，自然物などの展示には豊かな森を持つ上野がふさわしいと．しかし，大学と博物館の文部省内部の取り合いでは決着がつかないと見てとった町田は，博物局を文部省からより権限の強い内務省へと移管させる．そして殖産興業のため

の博物館を前面に出して主張することによって上野の山をめぐる争いは内務省博物局の勝利のもとに終わった．大学東校をあきらめた文部省は上野の山の一角に押し込められたが，それは後の東京美術学校（東京芸術大学）と科学博物館，西洋美術館などが移設されることにもつながっている．

　博物館の具体的な計画にあたっては，強力な味方が現れる．明治8年1月に帰国した博覧会事務副総裁でありウィーン万国博覧会を現地で指揮していた佐野常民である．佐野は後に大蔵大臣を務めた実力者であり，徹底して産業技術振興をめざしていたが，同じく産業振興のための博物館づくりをめざすドイツ人ワグネルを伴い帰国して，ワグネルは博物館の建白書を作成する．しかし佐野はその報告書につぎのような一文を付け加えることを忘れてはいない．

　　「マタ館ノ周囲ヲ以テ広壮清麗ノ公園トシ，動物園ト植物園トヲソノ
　　中ニ開キ，ココニ遊ブモノヲシテ，タダニ一時ノ快楽ヲ養フノミナラズ，
　　カタハラ眼目ノ教ヲ亨ケ，識ラズ知ラズ開知ノ域ニ進ミ，ソノ中ニ慣染
　　薫陶セシメバ，スナハチ博物館ヲシテ普通開化ノ学場トナスモ，アニ誣
　　ルトセンヤ」

　前述の佐々木時雄はこのコメントを田中芳男の考えであるとしているが，そう断じるには疑問が残る．佐野は徹底した産業技術振興の人であったが，博物館の周辺に動植物を配置する考えまでを捨てていない．ともあれ，佐野，田中はさらに天産部門佐野中心の博物館の構想を進めて，5月には「博物館ノ議ニ付伺」なる文書を内務大臣大久保利通の名で作成し，決裁をとりつけてしまう．

（5）動物園の建設

　こうしていよいよ博物館計画がつくられることになる．しかし，明治政府は多事であり，具体的な建設に向けてはなかなか進まない．
　ところで田中の考えは町田の計画とはいささか趣を異にしている．あくまでも田中の興味は自然史博物館にある．田中の計画は，自然史（天産部）を中心として，付属動物園，殖産興業，考古・美術，教育という総合博物館の

構想にもとづいたものであった．岩倉使節団の役割はここに大久保が関与することで生きていると思われる．例外は植物園で，予定では不忍池周辺にこれをあてていたが，文部省は小石川の旧薬草園を手放さず，動物園と植物園を合わせた野外自然施設は陽の目を見ることはなかった．

しかし博物館建設には決定的な障害が起きる．それは明治10年の西南戦争であり，翌年の大久保利通暗殺事件である．戦争による財政危機の到来と後ろ盾の喪失とが，あいついで博物館を襲ったのである．博物館と動物園の建設は危機を迎える．

困難な状況を打開したのは，二度にわたる博覧会である．明治10年，西南戦争のさなか，西郷軍の敗色が濃厚になる8月，上野公園で第1回内国博覧会が開催される．この博覧会は，前年の大久保利通の提案によるとされているが，実際は町田が起草したとする論者もある．時の最高権力者といってよい大久保が直接起草するのは確かに疑問ではある．

ともあれ，第1回の内国博覧会は，3カ月間，45万人の観客を集めて成功裡に終わった．このときの注意書きはきわめて興味深い．博覧会は全国の物産を見せる，そしてそれらを比べて良否について評価すべきだとあり，同時に，これまで市中で見られる見世物とは絶対的に区別されるべきで，珍奇物やたんなる古物などの持ち込みを懸命に否定しているのである．まさに焦点は殖産興業にあった．

明治14年（1881），博覧会事務局は内務省から分かれて農商務省の所属となる．この移管は，博物館の性格をより一層殖産興業へと傾斜させていくことになる．博物館の建設は，明治11年の着工から財政不足の関係もあって，遅々として進まなかったが，博覧会で建設された施設を加えて，博物館へと移行することとされた．明治14年，第2回博覧会が，第1回と同じ上野公園で開催され，前回の入場者の倍，約82万人を集めて終わった．動物園といえば，当初の計画では，博物館本館に付設される予定であったが，「水鳥等の飼養」にふさわしくないとされ，なかなか位置が決まらないままに置かれていた．ときに明治14年の政変のさなかである．この間の交渉経過の文書は残されていないが，博物局の中心はいまだ天産部にあって，その意向を農商務省主脳は無視することができずに，動物園の建設は渋々と認められたのであろう．最終的には，明治14年11月，博物館本館から離れること500

m，上野の山の西側の清水谷の一角に6500円の予算で建設されることになった．

　動物園という概念はまったく輸入された概念で，それが実際なんの役に立つのかを説明し，それなりの予算を獲得するには，発足時の特別な活動がなければできない．それなくしては，明治15年という混乱の時期に動物園はできなかったのではないかと考えられる．やっとのことでできあがった動物園であったのだ．

2.2　動物園の開園

（1）開園当初の動物園

　明治15年3月20日，博物館の開館に合わせて急造の動物園も開園した．工事着手からわずかに4カ月，費用は6500円である．博物館の開館日には明治天皇を迎えてにぎにぎしく式典が行われたが，天皇は動物園には赴いていない．午後2時過ぎから一般の人も入ることが許されて開館日の入園者は709人，博物館本館は1400人である．にぎにぎしく開館した博物館と比べ，ひっそりとオープンした動物園の入園者が博物館の半数に達していて，この数字はその後の博物館と動物園の関係を予言しているようだ．

　収容された動物のリストは残されていないが，翌年発行された年次報告によれば，以下のような動物舎があった．

　　鳥獣室一（20坪）（筆者注：他に21坪の記録あり）
　　猪鹿室一（15.5坪）
　　熊檻二（一ハ3.75坪，一ハ2坪）
　　水牛室一（10坪）
　　山羊室一（2.25坪）
　　小禽室一（9.9坪）
　　水禽庭籠二（一ハ6.62坪，一ハ9.26坪）
　　鴟鴉窖一（4尺余）
　　観魚室一棟（17.5坪）

　日本産のクマ，シカなどが中心で，山下町時代のコレクションを引き継い

だヤギなどもいたようだ．もっともこれは開園当初の施設ではないことを付記しておかなければならない．たとえば観魚室（うおのぞき）は明治15年9月に建設されたものだが，施設のリストに含まれているし，開園してから建設された動物舎は他にもあったと考えられる．ちなみにこの観魚室は，日本最初の水族展示施設であり，上野動物園の動物舎のなかでは，煉瓦づくりの建物でもっともしっかりとしたものだった．魚類学者の鈴木克美は，上野の観魚室はわが国最初の水族館だったと断じている．

この年4月には，来園者が多いために，本来休園すべき月曜日も開園しているが，8月からはコレラが流行したため閉園が多くなっており，12月末までに194日開園，入園者は約20万人を数えている．本館はこれより少なく17万人に終わっている．これ以降，動物園の入園者数が博物館のそれを下回ったことがない．

（2）宮内省への移管

開園後まもなく，南太平洋に訓練航海に行った海軍からカンガルーの寄贈を受けるなど，少しずつ動物のコレクションは増加していく．しかし博物館組織の再編成は進み，博物館の組織は矢継ぎばやに改変されていった．動物園建設の中心となり，設立後も博物館と動物園を監督すべき責任者である町田久成と田中芳男が相次いで退職し，農商務省博物局が廃止され現場の博物館だけが残され，さらに引き続き動物園は博物館とともに明治19年3月，宮内省に移管される．動物園の周辺はあわただしく変化していった．

そのころ，宮内省は大変動の時期だったといえよう．江戸時代，天皇家をはじめとする皇室は財産をほとんど所有しておらず，明治23年の国会開設を控え，自由に処分できる財産を必要としていた．明治21年には宮内省に臨時全国宝物取調局が設置され，全国に散在する後の国宝に該当する文化財を安定して管理していく．また所有権のあいまいな林野原野などを帝室林野局に吸収するなどして，皇室財産は形成されていく．この時期は，貴重な文化財の一元管理の場としての博物館が位置づけられる過程でもあった．ここから動物園も含めて，自然史博物館として博物館天産部門は，後景に退いていく．

しかし宮内省への移管にはまったく文書的な証拠はなく，突然といっても

よい状況で行われている．博物館が農商務省と宮内省のどちらに所属すべきかは，まったくの別の議論としてあるが，少なくとも天産部門としては一層その立場と地位は低下したといえるであろう．動物園も同様である．

この時期，宮内省が動物園に対してどのような評価をしていたかについては，当時の図書頭であった九鬼隆一によって明治23年に書かれた「提要」ではつぎのように語られている．「天産部は文部省に引きわたして，文部省の博物館と合併するのはよいことではあるが，1つ問題がある．それは動物園の入園料収入であって，博物館全体では7600円であるが，そのうち4000円が動物園であるから，博物館の財政に寄与しており動物園を移管すれば，博物館の出費が増えるのでよろしくない……」（筆者まとめ）．

皇室財産について付け加えれば，明治21年には佐渡金山などの宮内省への移管，明治22年から23年にかけて，国有山林管理の編入が行われている．

（3）動物園の定着

トラ・ゾウ——そして日清戦争

明治19年に秋葉原でイタリアのチャリネ曲馬団が興業を行い，その際生

図 2.3　最初の「珍獣」トラ（上野動物園所蔵）．

まれたトラの子2頭を上野のヒグマと交換した．このチャリネ曲馬団はゾウ，トラ，ダチョウ，ライオンなど多くの外国産動物を伴っていた．これだけの外国産種が一同に会したのは初めてといってもよいし，宣伝も大々的に行われた．チャリネは，その後も築地，浅草公園，招魂社，神戸，横浜などで興行を打って，日本のサーカス史に足跡を残している．当時の上野動物園の動物入手法としては，寄贈や皇族による下賜などが中心であったから，初めての動物交換といえるであろう．この2頭のトラのうち，オスはまもなく死亡するが，メスは江戸っ子のトラとして人気を博する．トラの子が来園する明治20年には，前年の入園者数の1.5倍，約24万人の入園者を数える．

翌明治21年にはシャムの皇帝から明治天皇にゾウのつがいが贈られ，そのまま下賜されて上野に入る．この前後にはヒクイドリ，オオサンショウウオ，ヒョウ，ニホンオオカミなどが続々と来園して彩りを添えていく．21年の入園者はさらに前年4割増の約35万人と増加の一途である．

明治27年，日清戦争が勃発した．このとき，国民的英雄であった福島安正大佐が大陸横断に同伴した軍馬"興安号"が展示に供され人気を博した．引き続き「戦利品」として捕獲されたウマ，イノシシ，イヌも展示され，意外な人気となる．さらにフタコブラクダもこれに加わり，明治28年，入園者は46万人を超える．このフタコブラクダのメスは捕獲時に妊娠しており，子どもを展示するというおまけまでついている．

動物園獣医の誕生

このころ，疫病にかかった動物たちの治療記録はほとんどないが，希少種は例外で，明治22年，トラが病気になっており，東京農林学校のお雇い教師であるヤンソン獣医師に治療を依頼している．こうしたこともあって明治25年に「白熊」が病気になったとき，同様にヤンソン氏に治療を依頼した．ところでこの白熊，出自がはっきりとしていない．登録された記録によると，北海道宗谷郡猿払村山中にて捕獲されたとあるが，額面どおり受け取ればヒグマのアルビノである．ただ異説によれば，流れに乗って流れ着いたホッキョクグマがアイヌによって捕らえられ，飼育されていたものを献上させられたとする説もあり，まったくホッキョクグマであることを否定できない．ヤンソンはこれをホッキョクグマとし，石川千代松はヒグマのアルビノとして

意見が対立したまま治療している．こうしてやはり現場に獣医がいないことへの反省から，明治25年，動物園初の専任獣医が誕生している．

動物園の社会的位置と組織

明治20年代の動物園は，日本社会と動物園との関係において2つの発見をしている．第1には外国産珍獣であり，第2に戦争に貢献した戦功動物は人気があるということだ．収支は動物園に関しては大黒字であり，博物館の施設やコレクションに活用された．

こうして移入概念として日本社会での位置が不明であった動物園は，人気のある市民の慰楽施設としての位置を確立していった．

博物館内部における動物園の存在の比重は増していく．明治31年にはオランウータンが初来日して人気を集め，入園者も93万人と増加する．さらに明治32年には，シドニーとメルボルンからオーストラリア産動物が続々と来園する．初来園のディンゴ，ハリモグラ，フクロギツネ，エミュウなどが見える．こうした外国産動物の来園には英語能力が必要で，文書は天産部長石川千代松によって作成されている．しかし，このころになっても「動物園」が組織として認められてはいなかった．

組織としての芽生えは，明治34年，動物園監督という職を石川が任ぜられたときである．その前の年，石川は天産部長に就任しており，おそらく動物園の責任の所在を明らかにするためであろう．動物園がそれなりに組織として確立されるのはしばらく先である．ちなみにこのとき，石川千代松は東京帝国大学農科大学教授との兼任である．

ゾウの飼育

明治21年，シャム皇帝より寄贈された2頭のゾウのうち，メスは明治26年に死亡したが，来園当時すでに15歳で成獣であったオスゾウは年を経るにしたがい成長し大きくなっていった．来園当初こそ，シャム人調教師がついてきたが，すぐに帰国していたから，この飼育・調教をめぐって問題が発生した．オスゾウは成長するとコントロールするのがむずかしく，これを行いうる飼育係がいない．元武士やマレー人を雇ったりしたが，しだいに調教不能になってしまい，一日中鎖で係留することを余儀なくされている．ここ

にきて大型動物の飼育，とくにゾウの調教技術の不足という事態が露呈してしまう．この時期，石川をはじめとして数人の動物学者が上野動物園に関係している．しかし彼らは動物学者であり，飼育の専門家ではない．とくに大型哺乳類の飼育に関してはなんらの飼育知識も経験も有していない．オスゾウのような馴致が必要な動物に対してはまったく無力なのである．西欧から移入された動物学は，獣医，畜産，森林動物などの産業動物学であり，野生動物学の移入は局限されていたといっても過言ではない．博物館にいた岩川友太郎や石川は，当時の動物学者としては第一級の学者であったが，専門分野は無脊椎動物で，そもそもこの分野には専門家はいないのである．このことは，明治・大正期の動物園史を考えるにあたり重要なポイントになると思われる．

その後もオスゾウは，明治35年に設立された「動物虐待防止協会」（明治41年に動物愛護会と名称変更）や大正4年に設立された日本人道会などの動物愛護団体の非難の的になってしまい，動物園では説明板を設置して，

図 2.4　暴れゾウと呼ばれた上野のオスゾウを花屋敷に移動する（上野動物園所蔵）．

図 2.5　日本初渡来のキリン（上野動物園所蔵）．

ゾウを鎖で係留する理由を縷々いいわけしている．

上野のカバ・キリン

　国際的な動物の動きが見られるのは，オーストラリアに続いてドイツのハーゲンベックからの動物購入である．石川千代松は動物園監督に就任してすぐにハーゲンベックとの交渉に入る．初代のカール・ハーゲンベックは有名な動物商でサーカスも経営していた．現在でも多くの動物園でそのスタイルを残している「無柵放養式」のハンブルグ・ハーゲンベック動物園を，明治40年（1907）に開園した動物園界の革命児である．明治35年には，ライオン，ダチョウ，ホッキョクグマなどアフリカ・アメリカ産動物13種を購入，この年にハイエナも初来園している．翌年には，レア，コンドル，クモザル，テナガザルも来園して，狭い園内は動物でいっぱいになっていく．極めつけはキリンである．明治40年3月，キリンのオス・メス2頭が来園して絶大な人気を博する．この年の入園者は初めて100万人を超えている．しかし，この一連の動物購入は，石川と宮内省の対立を引き起こしたらしい．動物輸入をめぐっては，到着時期がはっきりしない，生きて着くかどうかがわからない，などの不確定な要素があり，年度予算の制限との間の軋轢や石川の独断もあったと思われるが，石川は免職となり動物園を去ることになる．

　このことと関係があると思われるが，石川が去った後，動物園の組織が整えられている．獣医の黒川義太郎が主任となり，動物園は総長直轄に位置づけられ，さらに翌明治41年，本館に動物園掛が設置されている．動物園の運営をめぐる命令系統と責任の所在を明らかにするためである．

石川千代松と上野動物園

　博物館設立の初期の天産部には，何人かの動物学者が雇われ動物園ともかかわりを持っていた．高嶺秀夫，岩川友太郎，石川千代松といった面々であるが，彼らには共通点がある．獣医学や畜産学などの実学とは系列を別にして，理学系統である日本の近代動物学の祖とも父ともいうべきモースと東京生物学会との密接な関係である．明治22年，彼らはあいついで博物館天産部に雇われる．なかでも石川は以降17年間博物館と動物園にかかわりを持ちながら，東京帝国大学理科大学助教授や同じく農科大学教授を務めている．

石川が宮内省と対立して免職になったことはすでに述べたが，彼に関しては奇妙な事実がある．石川は日本人としては動物学のパイオニアであり，著書として10巻におよぶ全集が発刊されている．だがそこには自らが深くかかわった上野動物園に関する記述はほとんど見られない．

> 「然し此動物園も上野で動物園と云つて居るやうな，彼の如き狭苦しい臭気の強い，動物の牢屋のやうなものでは不可ぬ．彼んなものを見に行つても決して気分は良くならない．園内の動物が如何にも悦んで遊んで居るやうでなくては不可ぬ．外国でも四-五十年前には我上野の様なものもあつたが，今日では皆其跡を絶つた」（「全集第7巻」所収『有の儘に事物を観よ』）

> 「彼地の動物園は，我国の夫れとは非常に異るが，二十余年前の欧州の動物園と今日の上野動物園と比べても，猶且つ非常に大なる相違がある．世人は差違の甚だしいものを譬へて月と鼈と云ふが，我が動物園と彼地の動物園との差は月と鼈よりも更に大きい．月と鼈と云へば，其圓い所が似て居るけれども，彼我動物園の差は其の些少なる相似点すら無いのである」（「全集第7巻」所収『世界動物園巡遊記』）

免職という屈辱的な経験があるにせよ，自分がトップとして上野動物園の管理にかかわったという事実とはまったく無縁であったかのようにふるまっている．

新宿御苑と芝公園

上野動物園は宮内省に属する動物園であったが，これとは別に皇室に直属する動物飼育場があった．日清戦争のおりに戦功動物や動物の献上があったことはすでに述べた．これらの動物は一旦献上品として皇室の所有とされ，その手続きを経た後に，選択されて上野動物園に「御預け品」として渡されていた．

軍や民間から珍しい動物を献上するのは名誉なことであり，日清戦争がきっかけになって，献上品は増加していった．そのため現在の新宿御苑の一部に動物飼育場をつくったのではないかと思われるが，明治30年前後にはラ

クダやフクロネズミ，鳥類が飼育されていた．新宿動物園という名称は黒川日誌には見受けられるが正式な名称ではなく，所管は宮内省狩猟局である．ここでなんらかの基準，宣伝効果や天皇・東宮など皇族の意思などもあって選択され，一部が上野でも展示されたと思われる．

　黒川義太郎の日誌によれば，何度となく新宿動物園に赴いて，ラクダやタンチョウの治療などをしている．これも理由は判然としないが，大正15年に廃止されている．

　上野動物園の入園者はしだいに増加して，明治末期には100万人を超えている．園の面積は開園当初の約1 ha から拡張されていて，明治30年には約2 ha になっているが，とはいえ動物の数も増え，とくに大型動物の充実は著しく日曜日ともなれば雑踏になる．ちなみに2 ha というのは現在の面積の7分の1である．明治末期には3 ha 強にまで拡張されているが，現在ゾウなどが飼育されている東側の台地はまだ藪である．

　このころ東京市では，明治45年天皇在位を記念して，日本初の「万国博覧会」を開催する計画があった．会場は芝公園で，一部を動物展示場とし，終了後動物園にするという計画である．東京市長の尾崎行雄は帝室博物館に設計を依頼し，黒川園長が設計図を書き上げている．一方，ドイツでは石川千代松とハーゲンベックとが新しく計画されている動物園について会談して，協力の約束を取り交わしている．しかし日本大博覧会と呼ばれた万博計画は，内閣が交代し財政難が重視され，さたやみになってしまう．それでも東京市はあきらめず，明治天皇即位50周年を期した動物園計画へと切り替え，計画を進めるが，結果としては明治45年，天皇の崩御で消えることとなる．東京市（都）の動物園への執念はこの後も，上野の下賜，井の頭，新宿，多摩と引き続く動物園計画へとつながっていく．

動物園史から消える「動物園」

　第1章で述べたように，ある動物の展示施設を動物園の範疇に含めるか否かは簡単ではない．客観的な基準はないからである．ここまで上野と京都の動物園設立とその後の推移を見てきたが，それに匹敵する動物展示施設は他になかったかといえば，いくつかの施設が浮かび上がってくる．

　筆頭にあげなければならないのは浅草花屋敷であろう．花屋敷の開園は幕

末嘉永5年（1852）とされ，当初は植木や花卉などの植物を展示していた．しかし，幕末に江戸を訪れたイギリスの植物学者フォーチュンは，浅草を見学したおりに花屋敷に寄り，鳥類やウサギ，リスなどの動物が展示されていることを報告している．歴史学者の森銑三によれば，明治17年ごろから植物よりもトラやクマなどの動物展示とヤマガラの芸で人気が出ているという．明治20年ごろから「奥山閣」と呼ばれる五重塔を移設，ジオラマの設置，蓄音機を置くなど新企画を打ち出して人気を集めた．また明治18年の東京府の資料には，「花屋敷は規模も大きくなり，小動物園の体裁にもなっており，……」とあり，さらに「地所狭隘，鳥獣飼育場に差支えもあるので貸地を増やす許可をするのが適当」という記事が見受けられることから，すでにかなりの動物を展示していたことは明らかである．明治30年の「風俗畫報」には，植栽や盆栽に囲まれているが，檻に入ったトラやシカ，またツル舎や水禽舎などの動物舎が園内の3分の1ほどを占めている．

　花屋敷の性格は，今日でいえば「動植物遊園」とでも呼ぶべきものである．しかし，いかに動物の人気が上がっても動物園と自称したことはない．花屋敷という伝統ある名前に矜持があったのか，上野の堅い博物館，浅草の大衆的な花屋敷ということを売りものにしたのか，あるいは上野動物園が宮内省によって運営されていたから動物園の名称を使うことに遠慮したのかわからないが，動物飼育の歴史，コレクション，人気のいずれから見ても，上野に対抗できるだけの内容であったといえる．花屋敷は，娯楽の町浅草にあって，娯楽的遊園の代表的存在として，見世物として大衆を楽しませることに専念していたことは間違いないであろう．川村多實二は，

　　「動物園はもはや浅草花やしき式の観せ物ではなくて，通俗学術教育の必要機関であり，専門的研究の好き（ママ）実験室であらねばならぬ」

と花屋敷を見世物の代名詞として扱っている．

　つぎにあげるのは，明治23年，名古屋につくられた「今泉動物園」である．主人の今泉七五郎は動物商であるが，販売用の動物を公開したのが始まりである．トラ，ライオン，ニシキヘビなどを箱や檻に入れて見せていた．

この施設は，その後「浪越教育動物園」「浪越動植物苑」と名を変えながら展示を継続して，新しく設立されることになった名古屋市鶴舞公園付属動物園にすべての動物を寄付している．今泉もそのまま飼育主任となって動物園に勤めている．これらの動物を基礎に，大正7年，鶴舞公園動物園が開園し，さらに昭和12年の東山動植物公園へと引き継がれていく．

明治32年には，豊橋市に「安藤動物園」という動物展示施設が開園している．この設立者は安藤政次郎で，「新聞小政」して歌舞伎の題材にもなったという有名な人物である．この施設は昭和6年まで続いたようであるが，豊橋市に土地と動物を提供し，市はそれをもとにして豊橋市立動物園として再出発させている．

この節で3つの動物展示施設を見てきたが，このなかから動物園史を語るうえでのいくつかの事柄が示唆されよう．第1に動物のコレクションについてである．民間資本による動物園経営は，なかなか永続させるのがむずかしい．創業者の意欲が高くても，世代が代わったり，不景気におそわれたり，事故があったりする．そうして個人や民間業者が集めた動物たちを引き取って，それを基礎にして自治体が動物園を設立するケースは少なくない．また役所という公的性格から見ると，自ら動物を集めるのがむずかしい．相手は生きものであり，輸送中の過労や負傷がもとで死に至るケースも少なくないし，明治大正年間であれば，こうした諸問題に役所がじょうずに経理的対応をするのは，それなりの困難がつきまとう．上野の石川千代松監督が免職になるのは，ハーゲンベックからのキリンの購入をめぐる経理的トラブルであった．新規開園動物園には，動物飼育のノウハウを持った人物は，きわめて少なかったと思われる．戦前期にあって動物園が設立されるには，動物の入手と飼育担当の確保という2つの大きな障害を越えることができなければならなかった．

第2に示唆されるのは，動物展示施設の興行的性格と大衆的人気である．花屋敷のヤマガラの芸は長い間人気があったが，これなど特有の伝統的飼育技術，芸の仕込み能力を前提としている．昭和5年，全国に先駆けて動物供養碑を建立しているのも，もちろん浅草寺，浅草神社に隣接しているという宗教的な関連もあろうが，興行的先見性を見てとれる．「今泉動物園」「安藤動物園」も類似の性格を持っていたのではなかろうか．

第3には，外国産動物商の芽生えである．動物商の存在は江戸時代からあったと考えられるが，外国産動物を扱うとなると，輸入先との交渉，一時的であれ飼育施設などが必要になる．今泉，安藤などの動きからすると，この時代から動物園などを相手とする中規模な動物商が出現していたと思われるが，取引の対象が動物という生きものであることから，投機性の高い商売であった．

（4）第2の動物園と日本社会での定着――京都市紀念動物園

上野動物園は宮内省の動物園として，外国産動物の展示による人気と日清・日露戦争の勝利や国威発揚の場として定着していった．

上野動物園の「成功」を見て，第2の動物園として京都市紀念動物園が開設される．発端はやはり博覧会である．内国勧業博覧会は，第1回から第3回まで上野公園で開催されていたが，明治28年は京都に遷都して千年ということで，それを記念して初めて東京以外で行われることになった．第3回の博覧会の開催は明治23年であったが，それをさかのぼる明治10年，博覧会の精神として，「農産業の振興にあり，一カ所で開催しない」旨の布達が出されていた．しかしなかなか開催地が見あたらず，政治的な不安定もあって長い間中断されていた．

京都での第4回内国博覧会では動物館が設置され，馬場がつくられ，家畜，家禽の品評会のようであったと伝えられている．明治33年になって，当時の東宮（大正天皇）の結婚を記念してなにか施設をつくることとなり，この跡地を利用して動物園がつくられることになった．京都市では市民に建設資金の寄付を募ったところ1万4000円ほど集まったが，この額は動物園建設費用の40％にあたる．こうして文字どおり市民の動物園が建設されたのである．また翌明治39年，園の規程が定められ，その第1条，設置の目的には「公衆一般の知能を啓発するもの」と規定されている．そこには東京でさかんな動物園を，京都で一味違った動物園としてつくるという気概のようなものが感じられる．ただ，おもな動物は宮内省から下賜の動物園，すなわち上野や新宿御苑の動物たちであるが，来園が遅れてしまい，開園当初は空室がめだつ状況だったという．開園当初の外国産動物としては，トラ，ラクダなどわずかである．明治40年になってドイツのハーゲンベックよりホッキ

図 2.6 日本で 2 番目の動物園——京都市紀念動物園（京都市動物園所蔵）．

ョクグマ，ライオンなどを購入しており，同年ゾウもやってきて活気をもたらす．明治 43 年には，ライオンの日本初繁殖にも成功している．

京都市紀念動物園開園の意味は，上野に動物園ができて以降 20 年以上も新しい動物園ができていない状況を変えたことにある．そして上野が国立であったのに対して，建設した主体が自治体であったことは，その後の動物園の市民的性格を暗示している．さらにその目的を市民の啓発にある，としたことである．また，皇室からの下賜動物を待っていたことも国威発揚という側面をあわせ持っていた．さらに，発足当時から園長制度を明記しており，その園長には石川千代松の推薦で動物学者の森脇幾茂が就任し，飼育主任として獣医の鈴鹿通治が採用されていることは，上野の不備を最初から補っていたと考えられる．森脇はこの後しばらくして動物園から去ることになるが，石川が上野で果たせなかった願いを京都で実現させたい，といった意思が見てとれるのである．

2.3 大衆化する動物園

(1) 上野動物園の移管

　明治40年のキリン来園をめぐって会計事務手続不備のかどで石川千代松が辞任して以降，上野とハーゲンベックとのつながりは細くなっていった．わずかに明治44年にカバを1頭購入するにとどまっている．これは上野が珍獣をほしがらなかったわけではなく，おそらく外国語に不自由なスタッフと動物を注文どおり生きたまま数カ月間の航海をさせることの困難，そして宮内省という官僚組織の説得のむずかしさなどが理由としてあげられよう．なによりも宮内省がお金を出し渋ったことが大きい．

　明治41年から大正年間を通じて来園した動物は，前記のカバを除けば，ジャコウジカ，トナカイ，ヒョウなどにとどまる．そして入園者数は年間70万人程度を上下していく．しかし，あいかわらず博物館の収入への寄与度は高い一方，区域の拡大，職員数，施設の充実といった動物園の発展を支える充実はあまり行われていない．

　天産部との関係では，宮内省では天産部すなわち自然史系の収集展示への対応についてくすぶっていた．動物園についても，大正3年に設立された文部省の教育博物館（現在の国立科学博物館）への移管がとりざたされていたが，これも前記の博物館の財源の問題から，現実的な動きへと発展するには至らないまま過ぎている．

　この時期，上野動物園を悩ませていた問題はかのオスゾウである．大正デモクラシーをはじめとしてさまざまな民衆運動が発展していくなかで，明治35年に動物虐待防止協会がキリスト教徒，仏教徒，社会主義者などにより結成され，大正4年には，これらの団体から抗議を受けて，ゾウ舎前に注意書きを掲示するなど対処に苦労している姿が見てとれる．また大正5年に内村鑑三などが設立した大日本人道会は，設立のきっかけの1つがこのオスゾウの取り扱いであった．

　こうして上野動物園の文部省への移管は，決断されぬままに時は過ぎていったが，これらに決断を下したのは天災であった．大正12年9月に関東大震災が首都東京を襲う．関東一円を襲った地震は，動物園にはほとんど被害

をもたらしていない．便所の屋根が落ちたとか，土砂が少し崩れたとかの報告が残されているが，動物もそれほど恐慌におちいっておらず，比較的平静なまま過ごしている．

　直下型地震が大都市をおそった事例は阪神淡路大震災があるが，これも動物園にはほとんど影響を与えていない．動物園の建築物は平屋で堅牢であり，動物も一時的なパニックにはおちいるが，多くの動物はむしろ恐がって静かにしている．動物園は地震には強い施設だといえよう．

　変化の要因は園外にあった．上野公園は隅田川の西の高台にあって数少ない大規模空地（くうち）の役割を果たし，数万の罹災者たちの避難地となった．このとき上野公園は，博物館の一部として前庭の役割を果たしていた．震災後こうした大衆との関係に対処するには宮内省はナイーブである．日本で最初のメーデーが行われたのも上野公園においてであるが，そのときも対応に苦慮した経験がある．被災後の問題処理能力のレベルは比較にならない困難さをもたらす．ここで宮内省は上野公園を，東京市という自治体に下賜する決意をする．ところが東京市もおりからの大衆化社会化の影響を受けて，人気のある動物園を一緒にほしいとの強い要請を行ったのである．市民のレクリエーションへの要望は，東京の都市化，労働者人口の増大，そして大正デモクラシーによる民衆運動の高まりなどを受けており，それには動物園はもっともふさわしい施設であるからである．また当時の東京市の公園経営は，当時特別会計であり，公園内に茶屋を許可した後の使用料収入をおもな財源としていた．ここでも安定した財源としての動物園が期待されていた．そして文部省の「教育博物館」は，震災による火事ですべてのコレクションを失っており，上野動物園を引き受けられる状態ではなかったのである．こうして上野動物園は，大正13年，東京市に移管されることになった．職員も動物も施設もそのまま東京市が引き継いでいる．

（2）鉄道系動物園の始まり

　都市化が進み大衆が娯楽を求めるとともに，動物園の評判が人口に膾炙すると，民間においても動物園を建設する動きが始まる．この時代における動物園の財政状態は，上野動物園についていえば入園者が90万人を超えた明治31年以降黒字となっており，博物館の運営に多大の貢献をしている．上

野動物園はこの後も戦争中に猛獣処分などにより開店休業状態になるまで継続して一貫して黒字で，他の経営を支えている．その分だけ動物園に投資されていないといえるのであるが，経営者から見れば，利益をあげられる施設と考えられても不思議ではない．

　さて民間資本，とくに鉄道資本が動物園の経営に乗り出すのは，明治40年の2名の大阪商人が中心となり阪神電鉄が支援した香櫨園が最初である．阪神電鉄は明治38年，大阪-神戸間をつなぐ第2の電車として開通し，香櫨園はその中間，西宮市にあって遊園地と併設された動物展示施設で，ゾウ，トラ，ホッキョクグマ，オランウータンなど珍獣を集めた本格的なコレクションである．遊園地もメリーゴーランドやウォーターシュートなどがあり，開園当初は大いににぎわったが，しだいに利用者は減少し7年後に廃止されている．動物園史家の若生謙二は，この時期に開園したのは「珍獣」を見せるという「動物園観」が形成されていたことを背景にしていたのではないかと指摘している．

　明治43年には，箕面有馬電気軌道（現在の阪急電鉄，以下阪急電鉄と表記）が箕面動物園を開設している．これらはさらに大規模な施設で，人気はやはりライオンやゾウ，オランウータンなどの外国産珍獣・昆虫館と遊園地とが一体となった施設であった．香櫨園が衰退していって一部の動物を引き継ぎ，動物のコレクションは充実していったが，やはり5年後に廃園になっている．

　この両園の撤退の理由はそれぞれ異なっていたと思われるが，都市型の香櫨園と郊外山麓型の箕面，両者とも入園者不足であったと思われ，民間資本による動物園経営が容易でなく，また住宅地への転換の誘惑に抗しがたい経営者の姿勢が見える．前記の経営姿勢にもとづいて動物園を始めたが，経営を維持できるほどの入園者を得ることができなかった．長期的な経営への展望が見えなかったこともあろう．

　明治期の民間による動物展示施設は，浅草花屋敷を除いていずれも長続きしていない．東京中心部にあって江戸期から大衆娯楽の中心であり，また東京府によって娯楽振興の場として評価されていた浅草の花屋敷ですら，やっとのことで経営が成立していたにすぎない．当時にあっては，関西の郊外での動物園経営は，早咲きの花だったと考えられる．

(3) 天王寺動物園と名古屋市動物園

　明治36年までさかのぼるが，第5回内国博覧会が大阪・天王寺で行われ，その跡地は天王寺公園と通天閣などの歓楽街として使われていた．この博覧会では，余興動物園と題して，ゾウ，トラ，ワニなどの珍獣が展示されていた．大阪での常設の動物展示としては，明治17年に設立された府立大阪博物場があり，コレクションにはゾウ，トラ，クマなどがいた．しかし博物場の位置は，橋詰町という中心街にあり，明治42年に大火災が起きた際にも延焼の懸念があって，大阪府はそれを大正3年に商品陳列所に衣替えして，大阪市に動物園建設を勧め，浅草花屋敷に売却されたメスゾウなどを除いて動物たちを大阪市に移管して，これを基盤に大正4年，天王寺公園内に動物園が建設された．

　天王寺動物園の70年史によれば，このときに動物181点が博物場から譲渡されたが，その内訳は不明とされている．新たに購入された50点余とともに230点ほどの動物コレクションによって，天王寺動物園はスタートすることになった．その代表的な動物は，オランウータン，マレーグマ，トラ，ヒョウ，アジアゾウ，ラクダ，マメジカ，ヤマアラシに加えてアフリカのシ

図 2.7 大正時代の天王寺動物園（天王寺動物園所蔵）．

マハイエナ，ハゲワシ，ペリカンやエミュウ，ヒクイドリなどもいた．

園長は，大阪府から移籍してきた林佐市で，専門は畜産であり，飼育現場の責任者である職長も博物場からやってきた．動物の移動，とくにゾウの移動はたいへんで，道路幅の狭い商店街を通ったから道筋のあちこちにオスゾウの鼻による損傷が多かった，と50年史には記されている．当時の名称は，大阪市立動物園であり，天王寺動物園と改称されるのは，昭和39年である．

明治末期から大正にかけての動物園界の動きを概観すると，東京と京都に見られるように市民の啓発，国家意識の高揚を目標とした官公立の動物園が，市民にとっては珍獣を見ること，家族の団欒など娯楽の場として受け取られ，その精神風土を民間動物園が受け取り，動物園が開設されるのであるが，期待したほどの入園者を得られず撤退していく．そして，天王寺の大阪市立動物園はその両者の側面をあわせ持って大正年間に出発することになる．

大阪市立動物園は好評のうちに出発する．入場者数は順調に増加して大正7年度には100万人を突破しており，同年の上野は75万人であることと比べると大阪での動物園の人気のほどがわかる．天王寺動物園の資料は，有料入園者の統計しか残されていないので，それで上野と天王寺を比較すると，大正5年から12年までと，昭和元年から9年までの間は，天王寺のほうが上回っている．

大正7年，名古屋市に新たな動物園が誕生する．鶴舞公園付属動物園である．通常，鶴舞公園動物園と称されているが，昭和4年に名称変更され，名古屋市動物園となっている．東京，京都，大阪に動物園が誕生した大正4年，名古屋市議会は「動物園建設に関する意見書」を採択して動物園建設に動き出したが，浪越教育動植物苑を経営していた今泉七五郎から，施設ごと名古屋市に寄付する申し出を受け，その動物たちを基盤に鶴舞公園動物園は開園した．今泉はやはり飼育主任として飼育にあたっている．当時のコレクションはトラ，ヒョウ，ワニ，タンチョウなど400点ほどで，同年ライオンを購入して充実させる．さらにアジアゾウのメス「花子」を購入し，市電の延長などもあって入園者を伸ばした．

（4）明治・大正期の上野動物園への評価をめぐって

動物園研究家によるこの時代の動物園への評価はあまり芳しくない．『動

物園の歴史』(正・続) 2巻の著作を世に出して，日本の動物園史研究に足跡を残した佐々木時雄は，博物館の天産部の位置づけの低下や専門家，獣医の不在，大学などの研究機関とのつながりの不足を嘆いている．とくに，明治20年代から上野動物園に密接にかかわり，明治34年に動物園監督となった石川千代松が明治40年，免官とされたことに対して，佐々木のみならず他の研究者も一様に宮内省の措置に対して不満を述べている．

ところで天産部が博物館のやっかいものであったことは間違いないものとして，大学や研究機関と連携を欠いていたとの指摘は正しいのであろうか．

じつは明治22年，動物学者の岩川友太郎が天産部動物掛となり，帝大教授の石川千代松は博物館学芸員として動物園にもかかわっている．現場では，明治25年に専任獣医として黒川義太郎も就任している．

佐々木時雄は，石川千代松が勤務していた明治40年までとそれ以降との違いを，動物学者の時代と現場の実務家の時代として区分する．そのうえで，前半の時代をつぎのように評価している．

①コレクションとしてはかなりの努力をしたこと．
②科学性の面では博物館が施設面での改良をほとんど行わず，したがって展示法も改善させることができず，解剖によるデータ，動物の記録も残されなかった．
③利用者の快適度も向上していない．

後半期に関しては，

①近代動物学と無縁であった．
②経営の実権が現場から遊離した事務官僚がにぎり，採算の取れる事業として運営しようとした．
③外国産の珍禽奇獣を購入することに傾斜した．
④飼育技術や展示法の開発がなく，長期飼育も繁殖も偶然に任せられた．

と評価して，この上野の状況を他園が踏襲することもあいまって，人々は動物園を博物館とは考えずに遊園地の一種と見なしたと総括している．

上野動物園の正史である『上野動物園百年史』を実質的に執筆した小森厚は，やはり動物学者であった京都の鈴鹿通治園長が明治38年に動物園を去り，同様に上野の石川が明治40年に去ったこの時期以降，園域は増えず，施設は老朽化したままとなったとして，宮内省の天産部軽視と動物園の財源

化を非難し，さらに東京市へ移管されることによって，動物学研究機能は減退したと述べている．

造園史の観点から日米の動物園発展史の研究を行った若生謙二は，動物園が自然史博物館をめざしていく動きは停滞する一方，外国産の珍しい動物を展示することで市民生活のなかに定着して，国民のなかに珍獣を見せる場であるという「動物園観」が定着したと述べている．またその後，京都，大阪，名古屋の動物園が博覧会を契機に設立されて，上野を含めた大都市の動物園は，美術館，図書館，公会堂などの文化施設を持った近代都市の中央公園として役割を果たしたという評価を与えている．

2.4 昭和・戦前の動物園

(1) 昭和初期の動物園

鉄道資本，本格的に動物園経営に乗り出す

明治末からの資本主義の発達は，農村人口の都市への流入と都市の外延的拡大をもたらす．また，それに伴い大衆社会が形成されていく．こうしたなかにあって，郊外での住宅の建設，これを運ぶ鉄道の延長が行われる時代でもあった．民間電鉄資本は，都市中心部にあってはデパートなどの新たな消費文化をつくりだすとともに，郊外にあっては，遊園地とそれに併設される動物園をつくりだす．とりわけ，鉄道の延長，宅地の形成，集客施設としての遊園地型動物園の設置がパターン化され進められた．

大正15年には，当時大阪電気軌道であった今日の近鉄は，奈良線沿線にあやめ池遊園を開設して，動物を導入する．あやめ池が本格的な動物園であったか否かについては判断する材料をもたないが，遊園地に動物展示施設を導入したというのが妥当な評価であろう．

さて，関西電鉄資本による本格的な動物園経営としては，昭和4年の宝塚動植物園とそれに対抗したかたちで昭和7年に阪神パークが開園する．阪神パークは，それまでの多くの遊園地が動物展示施設を付属物として扱ってきたのと異なり，「独自の行き方」をするとして，サル島やアシカ池，ヤギ山などハーゲンベック型の無柵放養式展示を行いつつ，動物の芸を見せるなど，

民間動物園として今日に通ずる新しい方式を採用した.

一方，阪急の宝塚動植物園は，阪神パークの人気に対抗して，サル山や動物芸を取り入れていった.

前述の若生は，関西を中心とした鉄道系動物園を「遊園地型動物園」と名づけ，日本における動物園の1つのパターンを形成したと指摘している.

鉄道系動物園の開園は関西だけでなく，少しさかのぼるが，鹿児島では大正5年に鹿児島電鉄が鴨池動物園を，熊本では昭和4年に市の交通局が熊本動物園を，北九州小倉では，西鉄の前身である九州電気鉄道が，すでにあった到津遊園地内に，昭和8年に動物展示施設を設立している.

鴨池動物園は，鹿児島電気軌道会社が所有していた遊園地に，大正4年に設置した動物コーナーを，大正5年に鴨池に移転してできた動物園である.開園直後，ゴリラとオランウータンを購入するなどして充実させ，また園地を拡張している.その後，昭和3年に同社が鹿児島市に買収されるとともに，市営の動物園となり，ゾウやアシカなどを導入して南九州に知られる存在となった.

昭和4年，熊本市でも市の電気局（後の交通局）によって動物園がつくられる.ここのコレクションは広島市の羽田動物園といわれる個人のコレクションを購入して開園した.この動物園には日本では初めてのアルマジロ，ほかにもチンパンジー，ナマケモノ，カラカル，ハゲワシなどが含まれており，

図2.8 開園当時の熊本動物園（熊本動物園所蔵）.

当時としては第一級のコレクションだといえよう．市内中心部の水前寺成趣園の一角に設けられ，熊本市のレジャーの中心として位置づけ，園長も羽田動物園から招いている．さらに，ゾウやトラなどを導入してコレクションの充実を図るとともに，ゾウ，オットセイ，サル類，ウマを調教して芸を見せてパフォーマンスに努めている．熊本動物園の特質としてあげられるのは，繁殖成績である．昭和初期に，ライオンやトラ，ラクダ，オットセイなどの繁殖に成功し，早世ではあったが，ホッキョクグマ，カバも誕生している．

　私鉄系の動物園としては福岡県小倉市の到津遊園がある．到津遊園内に動物展示施設が導入されたのは昭和7年が最初で，アジア産サル類展示であった．その後，本格的な展示施設への展開を方針として，昭和8年，動物園コーナーを設置し，その後，ゾウ，ラクダなども入れて遊園地の重要な構成要素となっていく．

　鴨池は私鉄資本によって設立されたが，その後，おそらく経営上の問題であろう，鹿児島市に譲渡している．ずっと後の話になるが，到津遊園も経営上の問題から閉鎖された．しかし，北九州市が市民の陳情にもとづいて到津遊園を動物園として再生させている．鉄道と動物園との関係を考えるにあたって興味深い一致を示している．

鉄道が国鉄になり，宅地需要に対応した民鉄の郊外展開

　明治5年に新橋-横浜間の鉄道が開通してから，鉄道は一貫して国家的事業であった．文明開化政策としても，地方の反乱を鎮圧する意味からも，文物，人を輸送する観点からも，あらゆる側面において鉄道には国がつきまとっている．しかしこれらの国有鉄道敷地は，全国規模のものが中心であり，また当初は政府の支援を受けた日本鉄道（東北本線），山陽鉄道（山陽本線）など民間が行っていた．日露戦争後，軍事的見地から鉄道国有法が制定され，地方間交通はすべて国有鉄道となり，また東京と大阪の環状線への布石もつくられていた．

　このことはいいかえれば，地域鉄道を国家が軽視していたことを意味しており，そこに私鉄の自由な発展の道があったともいえよう．都市への人口集中に対応する宅地の開発は，ただ外延的に延長されたのではなく，私鉄資本によって「計画的」に線的に延長され，それゆえに行楽地と都市中心部，住

宅地とを私鉄がつなぐことが可能だったのである．またこのことは，私鉄間の競争を生み出す結果ともなった．大正初期には関西「五大」鉄道会社が開業しており，たがいに隣接したり，並行したりして走っており，当初から競合関係にあった．そのことが目玉商品的な観光開発を誘導したといえる．関西鉄道系遊園地型動物園がつくられた理由は偶然とはいえない．

東京市の上野動物園

大正13年，東京市に下賜されたのは，皇太子の成婚を記念してというのが表向きの理由になっているが，すでに述べたように関東大震災を期した決断であった．当初の名称は上野動物園であったが，すぐに上野恩賜公園動物園という正式名称に改称される．

東京市はただちに上野動物園の改良に着手する．動物園の所管は公園課であり，このとき公園課長になってまもない井下清は，翌大正14年，欧米各国の動物園視察に赴く．ほぼ1年間の長期視察である．井下が改造計画を作成するのは昭和元年であり，翌年から改造に着手するとともに，昭和3年，後に園長となる古賀忠道を採用して，本格的に動物園事業に取り組み始める．工事は急ピッチで進められ，ホッキョクグマ舎，カバ舎，ツル舎，猛獣舎，

図2.9　昭和6年に完成して現存する上野動物園のサル山（さとうあきら撮影）．

そして昭和6年にはサル山ができあがる．これらはおもにハーゲンベックの無柵放養式と擬岩を使った日本では最初の展示施設で，後に各地の動物園でも同様のスタイルが取り入れられる．サル山とホッキョクグマ，しばらく後に完成したアシカ池は，少しずつ改良されているが，現存している．

また全国に多く存在するサル山は，上野のサル山の模倣といっても過言ではなく，上野の精緻な構造は他の追随を許していない．もっともニホンザルの生息空間は森林の樹上にあり，サル山はこれにふさわしいとはいえない．おそらくヨーロッパにおけるヒヒ類の展示を見てサル山の基本設計を行ったと思われる．ヒヒは地上性だからである．こうしたサル山への批判は多くあるが，サルの良好な飼育を行い，行動を見せるという観点からはきわめて優れているといえよう．

また昭和7年には動物病院がつくられているが，これは日本最初のものである．

昭和前期に開園した動物園

時代は少し戻るが，大正8年に甲府市動物園が遊亀公園内に開設されている．甲信越では最初の動物園であり，また地方中都市としても最初であった．狭い空間ではあるが，ライオンとタンチョウなどを飼育して地域の人気を博している．

昭和3年，神戸市にあった諏訪山遊園地に動物園が併設され，神戸区有諏訪山動物園として開園される．諏訪山動物園は，昭和6年にインドゾウを導入して拡張するが，経営規模が大きくなるにつれ，昭和12年，神戸市に移管され，シフゾウ，オオヤマネコ，キンカジューなどを導入して充実されていく．

昭和4年に高松市に開園した栗林公園動物園は，異色の動物園であった．県立の庭園である栗林公園に設置の許可を得て，民間の自力による社会事業を行うとして設立された．同動物園の報告によると香川県には，それ以前に県営の動物園がありタンチョウなどを飼育していたとされているが，当時の様子がわかる資料は残されておらず，不明の動物園である．

昭和8年には，福岡市記念動植物園が福岡市東公園に開設されている．記念とは，昭和天皇の御大典のことであるが，御大典が行われたのは昭和3年

のことであるから,この時期をとらえて計画したものと見られる.キリン,ライオン,カバなどを展示し,多数の利用者に親しまれていた.

　上野を除いて関東で動物園といえる施設が開園するのは,昭和9年,東京市の井の頭公園中之島小動物園が最初である.1haに満たない島状の区域に,日本産の動物を中心に100種を超える哺乳類,鳥類を展示して注目を浴びている.開園日には2万人以上の利用者があった.長い間,関東には上野を除いて動物園がなかったが,おそらく恩賜の動物園である上野への遠慮があったからと考えられる.井の頭は,上野と同じ東京市営であることから,皇室や上野への遠慮は不要だったのであろう.

　東北地方で最初の動物園ができたのは,仙台市動物園で昭和11年のことである.浅草花屋敷に飼育されていた動物をすべて引き取るかたちで,仙台市内の評定河原で開園した.小規模ながらライオンやヒョウ,ホッキョクグマなどの食肉目とキツネザルやオマキザルなどを飼育していて,東北地方の利用者を集めた.

(2) 動物コレクション

　昭和に入ってから航路が発達するのに伴い,アジアだけではなくアフリカ,アメリカなど,これまであまり輸入されてこなかった地域からも動物が入ってくるようになる.これらの多くはこのころ業として成立し始めた輸入動物商の手によるものであり,そのルートは不明である.

　天王寺動物園では,昭和2年,ロリス,ワオキツネザル,チンパンジー,アルマジロなどが来園する.また,園域を南園に拡張して無柵放養式の動物舎をつくるなど,工夫に努めた.昭和10年には,アフリカ産のブチハイエナ,キリン,リカオン,イボイノシシや南米産のベニガオザルなど多彩な動物が導入された.これらのなかには日本初渡来の種も含まれており,積極的な動物収集を行っている.

　上野では,新しい動物舎はいくつか建てられているが,園域自体の拡大はなく,アメリカバイソンやチンパンジーなどを除いて,輸入された動物はアジア産が中心である.

　動物のコレクションとしては,総じて体系性に欠けている.航空機が使われない時代,輸送には時間がかかり,その間のストレスに耐えられない動物

図 2.10 東山動物園のアシカ池（東山動物園所蔵）.

も多かったし，動物商に依存していたために散発的になっている．他の特徴としては，日本産の希少種が少ない点が指摘できる．カモシカやテン，オオコウモリなどもほとんど飼育していない．

　名古屋の鶴舞公園動物園も大正末期から園域の拡大を図り，動物を増やしていった．すでに展示され人気を博していたゾウや猛獣類に加え，ホッキョクグマ，ダチョウ，オランウータンなども来園している．一方，昭和3年，名古屋博覧会が開催され，それに引き続く昭和4年には「名古屋市立動物園」と名称変更して，鶴舞公園から組織として分離独立する．しかし動物のコレクションが増えるにしたがい，約1 haという園地の狭さがめだってくる．そのうえ，サルの脱走事件なども起こして，新たな敷地を求めて移転計画に入っていく．

　こうして求められた場所が郊外の東山であった．80 haの広大な敷地を利用し，設計は，当時サーカスで来日していたカールの息子ローレンツ・ハーゲンベックの指導を仰ぎ，きわめて斬新なものとなった．昭和12年，東山動物園は開園している．開園に合わせて市電を東山まで延長して，足を確保

しているなど，東山動物園は，日本における郊外型動物園の走りとして記憶されてよい．

（3）動物の飼育と繁殖

当時飼育の目標は長期飼育であったが，多くの動物園で好んで集めたのは，サル類，猛獣類，ゾウであり，このうちサル類は結核などの人獣共通伝染病の罹患を防ぐことがむずかしく，長生きしていない．上野の古賀園長の手になる『動物飼育講座』は，当時としては珍しい飼育技術解説書であるが，その大部分は「施設」「飼料」に関する記述に割かれていて，飼育上の課題がどこにあったかを示す貴重な資料である．いいかえれば，動物舎と餌とがしっかりわかっていれば長期飼育できる種はかなり長生きできたのである．

ゾウは比較的長生きしている．上野の「暴れゾウ」は，来園した明治21年にはすでに10歳を超えており，その後上野で33年，さらに花屋敷に移ってからも10年ほど生きていて，この長寿記録が破られたのは最近になってのことである．天王寺のゾウも，開園以来，戦時中に猛獣処分されるまで飼育されている．

ゾウも猛獣類も，餌が単純で施設もはっきりしている．また鳥類飼育には長い間の伝統があり，飼料の開発も行われており，繁殖を含めて比較的長寿であるといえよう．鳥としては珍しく個体に名前がつけられている上野動物園の「若松」というタンチョウは，昭和12年から戦後昭和48年に至るまで長期飼育され，多くの雛を誕生させていることでもそれがわかる．

反面，まったくうまくいかないのは，生理・生態・餌がよくわかっていない種である．野生動物の研究は，経験主義的に行われていたのだ．繁殖技術の定着に至っては，戦後，しかもここ数十年のことである．

（4）動物園の人気

動物芸

昭和7年，天王寺動物園に来園したチンパンジー「リタ」は，翌年から達者な芸を始める．三輪車や玉に乗せるといったサーカスで行われている芸から始まって，フォークとナイフで食事をする，和服を着せ，メスということでカツラをかぶせるなどである．動物特有の能力から始まり，人と同じ行動

図 2.11 チンパンジー「リタ」の芸（天王寺動物園所蔵）.

や姿をさせるようになっていく．こうして天王寺のリタは，大阪のみならず全国的な注目の的になっていく．天王寺の入園者は，昭和6年の年間106万人から，翌年は165万人，さらに昭和8年には250万人を数え，一時的ではあるが，国内で最多の入園者を誇った．

リタの人気はただちに他園へと波及した．京都市動物園では昭和9年，チンパンジーのメス「トミー」に同様の曲芸をさせて人気を博したが，トミーは長生きせず昭和11年に死亡している．戦前のチンパンジーは天王寺のリタを除いては長生きしていない．リタは昭和15年，出産の際に死亡するまで生きることができたが，リタの生きている間，天王寺は日本で第1位の入園者数の地位を上野と競っていた．

同じく昭和9年，京都大学教授の川村多實二が兼任ではあるが，京都市動物園長に就任している．この時期，チンパンジーの芸だけではなく，イヌの車引き，タヌキの綱渡り，アシカの平均棒渡りなど多くの動物に芸をさせているのは興味深い．

イベント・パフォーマンス

都市の大衆化社会と動物芸の人気を受けて，多くの催しが行われるようになったのは，昭和5-15年の特徴の1つである．

上野動物園では昭和5年から「動物祭」が始まり，毎年11月に行われている．このときのイベントには，動物慰霊祭が含まれており，翌6年には動物慰霊碑も建立されている．昭和6年は，開園50年目にあたり，大々的な催しが行われ，春の花見に合わせて夜間開園を行い，動物の食事時間を決めて給餌の姿を見せている．また，大日本人道会との共催で動物愛護週間の行事なども行われている．

京都市動物園での園内催しは上野より古く，明治42年から「観桜会」として夜間開園が始まっている．大正時代には，夏の夜間開園も始まっている．明治時代からのウグイスの鳴き合わせに始まって，メジロの鳴き合わせやキンギョの特設展・品評会，狆の陳列会など外部団体の愛好団体との共催による催しがめだち，年を経るごとに増加している．市営の動物園ということも関係しているであろう．大正13年からは，「斃死動物追弔祭」という名の慰霊祭も加わっている．昭和に入って菊花展なども行われ，ますます催しはさかんになっていく．

こうした行事は昭和18年の猛獣処分まで続けられるが，昭和12年を境に，軍用動物に関する催しが増え始めていて，これも人気の的になっている．

天王寺では，開園20周年にあたる昭和9年，「動物園まつり」を開始して，各種の催しを行った．昭和10年を過ぎてしだいに園内でのイベントは娯楽性が強調されていく．動物仮装行列，音楽隊の演奏があったり，仮装行列やチンドン屋大会が行われたりしている．

九州におけるレジャー施設として位置づけられ発足した熊本では，昭和5年から各種の催しを開始して，翌6年には慰霊祭，7年からは動物写生大会，民族芸能や曲馬団などを招いて園内を盛り上げている．

到津遊園では，施設内に動物園が開催された昭和8年から，動物画のスケッチや動物写真撮影大会，納涼大会などが開催されている．昭和11年に誕生したライオンの子どもの名前を公募しており，現在ではごく普通であるが，おそらく日本最初のことである．このライオン，つぎつぎに子ども産み，国策に沿って多産であったなどと表現されている．動物の世界も，"産めよ増

やせよ"の時代が迫っていたのだ．

(5) 日本人の手による海外の動物園

最後に旧植民地の動物園についてもふれておこう．これらは，さまざまな経過はあったものの，昭和初期にはすべて日本人園長の手によって運営されたからである．

李王職動物園

李氏朝鮮時代末期の明治42年（1909）には，京城に国王のもとで昌慶苑という庭園内に動物園が設置されていた．日韓併合を控えた日本政府が，韓国財政を浪費させるために建設させたといわれている．翌1910年，朝鮮が日本へ併合された後は，韓国国王は李王と呼ばれ，動物園も李王職動物園と改称している．大正と昭和の2回にわたりハーゲンベックからカバを導入して出産させており，そのカバは後に上野に寄贈されている．

このカバの輸送は困難を極めたが，園長黒川義太郎の奮闘記が残されている．蛇足になるが，すでにこのころ，動物の寄贈にあたっていた担当者は日本人であり，下関で鉄道に積み替えるときの鉄道省事務官に佐藤栄作という名が見える．また寄贈相手である帝室博物館総長，つまり上野動物園の上部機関の責任者は森林太郎である．

台北動物園

台北動物園は，大正3年，台北市在住の日本人が，圓山に花屋敷という名で植物と動物を集め，展示していた．大正4年に公立動物園となり，さらに大正10年に台北市に移管され，市立動物園となった．約4haの敷地に，台湾産の動物を中心に展示して，人気があった．その後，オランウータンやゾウ，シマウマ，ライオン，ハイエナ，ヒョウなども飼育して総合動物園の様相を呈している．

新京動植物園

旧植民地でもなく，少なくともかたちのうえでは独立国とされていた満州にあった動物園を，本書で取り扱うべきではないかもしれないが，実質的に

は日本の領土のように考えられていた中国東北地方（満州国）新京市（現在は吉林省長春）に動物園が昭和17年10月に開園している．満州国では満州鉄道をはじめ広大な新しい土地を使った日本人による実験的試みが行われたが，動植物園建設もその一環として行われた．園長の中俣充志は，上野の古賀園長の後輩で，仙台市動物園に勤務していたが，古賀の紹介で就任した．昭和13年に古賀は新京を訪れ，動物園の建設計画に具体案を示しており，日本の動物園にはない新しい発想の動物園建設を期待していたようだ．計画によれば，無柵放養式で，多頭で群れ飼育することになっており，敷地規模も70 haと広大なものである．しかし翌年ノモンハン事件が勃発，工事は遅延するとともに，輸送路が閉ざされ動物の入手が困難となるなどして，開園時に飼育していた動物は，上野から贈られたライオンを除きほぼ中国・朝鮮半島産の動物に限られてしまった．とはいえ，動物園の人気は高く，多くの来園者を迎えた．建設工事が終わって完成にこぎつけたのは昭和20年になってからで，すぐに敗戦を迎えることになる．

（6）全国動物園長会議からの日本動物園水族館協会の発足

さてここで，このころ存在していたおもな動物園を見ておくことにしよう．基準を昭和15年にしてみると，公立では仙台，上野，井の頭，甲府，東山，京都，天王寺，神戸（諏訪山），福岡（東公園），熊本（水前寺），鹿児島（鴨池）で，海外では李王職，台北，民間では宝塚，阪神パーク，栗林，到津遊園の17園を数えることになる．他には函館の湯の川，岩手県に湯本動物園，川崎・鶴見の花月園，豊橋の向山動物園，蒲郡，和歌山公園動物園，岡山，広島，別府動物園，佐世保動物園など個人経営の動物園があったとされるが，開閉園の時期など不明であり，いずれにしろ動物園と呼ぶだけの内容を構築しているとは断じがたい．また市立では，公園内に動物飼育施設を置いたところとして小諸の懐古園，桐生が岡，大牟田などがあったが，いずれも動物園の開園としては戦後になっている．

昭和12年，六大都市の動物園主任者会議が開かれたが，この席上，恒常的な組織として日本動物園協会を設立することが決定され，昭和14年，設立準備会が，そして翌年，水族館の参加もあったことから日本動物園水族館協会として第1回総会が開催される．日中戦争が泥沼化して，食糧その他の

物資が欠乏する一方，欧米との全面戦争にそなえた防空体制の確立などがきっかけであり，動物種名の統一なども課題とされた．おもな議題は，動物，飼料，材料の入手で，昭和13年には国家総動員法が成立して，各種の統制令が公布された情勢を反映している．動物については，最初は南方，北方，満支といわれるが，しだいに南方が姿を消し，ニホンカモシカの捕獲などが中心となる．せっかく誕生した協会も多くの成果を上げるまもなく，昭和18年の第4回総会が開かれた後，活動は停止状態となった．しかし昭和21年にはいち早く再開している．

（7）動物園での教育活動

動物学の教育の一翼を動物園が担う事業を最初に行ったのは，大正6年に京都市動物園の園長に就任した南大路勇太郎であったと思われる．この時代には，上野動物園と京都市，加えていくつかの民間動物園があった．上野動物園園長の黒川義太郎は，新聞や雑誌に動物に関する子ども向けの「おもしろい」記事を多く残しているが，動物に関する教育・普及的事業を行った形跡は見あたらない．その前任者石川千代松も複数の整備と動物の収集には熱心であったが，教育的事業を行ってはいないし，一般向けに動物学にかかわる著述をしていない．南大路は，小学校から講和を依頼されて話をしに赴いたことから教育的事業を始めたようであるが，園内でも講話会を行ったようだ．動物園での教育的活動不足がそれなりに自覚されるようになるのは，昭和9年，京都市動物園長に就任した川村多實二あたりからで，翌年，記念講演会や動物写真展示などによる解説を行っている．

（8）知識人による動物園論──昭和前期の動物園論

昭和に入って関西民鉄資本の動物園経営方式が入園者を呼んで，公立動物園もそれに引きずられるかたちで動物芸など娯楽性を高め，話題を呼ぶようになったころ，こうした風潮への批判や反省の声が上がってくる．

すでに述べたように，動物園について最初に論ずるにふさわしい人物は石川千代松であるが，上野動物園を去って以後，日本の動物園に対するルサンチマンが彼をとらえてしまっていて，ほとんど罵詈に等しい言葉しか発していない．その後，洋行して動物園を視察していて，ハーゲンベックとも対談

して，東京市の芝公園の動物園計画に言及していることから，まったく興味を失ったわけではないようだが，以後，日本の動物園について語ることはなかった．石川の専門は，水生動物であったから，展示法や動物種についての興味は限られていたといえよう．

動物園の運営に最初の意見を述べたのは，前述の川村多實二である．川村は京都大学教授であり，動物園におもに動物学的な視点から興味を持ち続けていて，大正15年には，日本の動物園の欠点として，施設にも投資せず，飼育担当者の待遇が悪いため動物が長生きしないので，動物収集にしり込みするという悪循環におちいっている，と鋭い指摘をしている．そして「動物園はもはや浅草花やしき式の見世物ではなく，通俗学術教育の必要機関であり，専門的研究の好き（ママ）実験室であらねばならない」と結んでいる．

川村は，理論的に動物園論を発表するのみならず，大学教授に在任中の昭和9年，京都市紀念動物園の園長に就任し，動物園充実のために7カ月間のヨーロッパ視察に出かけた．しかしその間，足元の京都では，チンパンジーのトミーの芸が人気を博している．川村は帰国後数カ月で辞任している．佐々木はこの退職の理由として市長が辞任したことをあげているが，加えて川村のもっとも嫌っていた動物芸による観客の誘致を，あろうことか自分の遊学中に行っていたことへの挫折感も加わっていたと思われる．

筒井嘉隆は大阪市天王寺動物園にあって，昭和7年から17年までおもに学芸員のような仕事をしていたが，昭和9年ごろから活発に動物園論を発表し始めた．筒井は川村多實二の弟子にあたり，やはり動物学研究と市民への教育の観点から娯楽第一主義におちいってはならないと主張している．この時期はちょうどリタの人気が最盛のころであり，身近に動物園内部で運営にあたっていた若手動物園人の論文は，筒井を除いては他にない．昭和11年には大阪市に対する提言を行っていて，そのなかで動物園の使命は第1に「レクリエーションと社会教育」で，第2に「種の保存と動物学研究」としたうえで，おもに財政的独立を図り，郊外に予備園をつくり飼育環境の改善をすべきだとしている．動物園の運営には当事者でありながら，「縁日の見世物」「興行師的立場を棄てさるべき」などと鋭く批判している．またリタの観察記録を残している．

全般的な動物園論としては，昭和9年の東京高等獣医学校教員の柏岡民雄

の手による論文がある．おおむね筒井の意見を参考にしていて，動物の飼育状況については批判的であるが，リタの芸には好意的な評価をしている．運営は権威ある園長に全権を委任してあたらせるべきであると述べているのが特徴的である．

寄生虫学者で慶應義塾大学教授の小泉丹もヨーロッパの動物園回覧記を残しているが，日本の動物園については言及を避けている．

動物学者の吉田平七郎は，4つの目的に加えて動物愛護精神と人類愛を伝える場として理想郷だと述べている．

以上5人の明治以降戦前の知識人の動物園批判と動物園観を見てきたが，いずれも学術研究と社会教育を強調している点で共通している．

ところで，戦前・戦後を通じて動物園界の中心であり続けた古賀忠道は，これらの事象をどのように評価していたのであろうか．古賀の評価では，明治・大正の上野を"見世物小屋"の大がかりなものとして，井下清の改善の努力によってようやく近代動物園への道を歩み始めたとしている．古賀の興味はおもに動物の健全な飼育と繁殖にあって，その意味では最初の動物園人ともいえる．そのせいかもしれないが，動物園の運営哲学のようなことへの論及はほとんど見られない．昭和16年，召集されてマレー，シンガポール，サイゴンなどに滞在した．シンガポールでは，博物館の運営などにも関与して，このころ知己を得た諸人物との交流は，戦後の上野，さらに全国の動物園に大きな影響を与えた．彼の温和な人格からあまり他園の運営に批判的な言動をしなかったことも，全国的に影響力を持った理由でもあろう．

（9）戦前までの60年——初期の動物園の特徴

ところで，ここまで20園近くの昭和初期までに開園した動物園を見てきたが，そこにはいくつかの特徴を見ることができる．

まず市内の中心部に近く，敷地面積も小さく1ha程度のものが多い．ちなみに上野動物園もこの時期は3ha程度である．これに比較して，入園者数は多い．上野では明治40年のキリン以後，100万人を超え，昭和10年を前後しては200万人程度である．大阪もつねに100万人を超えている．市内にあってできるだけ多くの珍しい動物を見せることに重点を置いていて，人気の施設であった．

こうしたことから，財政的には黒字であり，つねに行政機関の財政を潤していた．このことは動物園を支えるとともに，興行的性格を抜け出せない原因ともなった．

つぎに関東以北には上野以外に動物園と称する施設がほとんどないことである．関東の鉄道資本は少なくないが，散策・行楽型で，植物を楽しむ谷津遊園など庭園的な施設が多い．公営でも昭和11年，仙台にできたのが最初である．この理由については，記録や証拠はないが，おそらく上野に対抗できないという意識と天皇から下賜された動物園と同様のものを近くにはつくれないという遠慮が入りまじっていたと考えられる．江戸の植木文化の根強さも関係しているだろうが，上野に対する奇妙な遠慮は関東・東北に強く，全国的にもその傾向があるのは日本の動物園史上きわめて興味深い事実である．

民間動物園は，そのほとんどが動物園に特化した施設ではなく，遊園地に動物園が並存しているものであり，当初から遊戯施設として性格を刻印されてきた．したがって，上野，京都，天王寺などの公立施設と違って，当初からさまざまなパフォーマンスを行っていたのであり，大阪や京都はとくにチンパンジーのリタの人気に拍車をかけられたように遊園地的要素を浸透していったといってもよい．

こうしたなかにあって，動物学者を中心とする知識人の数人は動物園の娯楽化に警鐘を鳴らしたが，動物園運営に対する関心に欠けていたし，現場との隔離もあって，この流れに対処できないまま，動物園の大衆化は進んでいった．その後も，大都市や鉄道系を中心に動物園は増加していき，第2次世界大戦の渦中にあって，猛獣処分という国家総力戦のための精神的象徴に使われ，一時幕を閉じたのである．

2.5 猛獣処分と開店休業——空白の5年間

戦争と動物園には奇妙な関係が見られる．明治から大正にかけて，日本は三度の戦争をしている．これらはいずれも勝利して終わったが，戦時中に活躍した動物たちが展示され，動物園人気を盛り上げている．第1次世界大戦が終わった後も，満州に進駐するなど局地的戦闘は少なくなく，その度に軍

用動物が展示されている．

　動物園に戦争の具体的なキナ臭さが出だすのは昭和12年の盧溝橋事件以後で，軍功動物や軍用動物に関する展示や催しが多くなり，防空演習なども始まっている．動物園の内部では，外国産動物の輸入が制限されることや飼料を確保するうえでの困難などがじわじわと影響を与えている．とはいえ入園者は増加する一方で，娯楽施設がつぎつぎに制限されるなかで，平静を保ち，比較的影響は少なかったといえよう．

（1）猛獣処分

　昭和18年7月，内務省は東京市を，その直轄下にある東京府に併合して，新たに東京都という組織をつくる．戦況が思わしくない状況にあって，首都東京を防衛するには，国の直轄として命令伝達を円滑にしておく必要があった．同時に戦争を支える銃後の体制と精神的準備の不足を感じていたと考えられる．新たに東京都長官に就任した大達茂雄は，元シンガポール占領地の市長であり，戦争下での民生の専門家でもある．ちなみに昭和17年度の上野動物園の入園者数は300万人を超えており，関西の宝塚は188万人，天王寺は141万人であり，さかのぼること数年間人気は衰えていない．動物園の

図 2.12　猛獣処分後ににぎにぎしく行われた戦時殉難動物慰霊祭（上野動物園所蔵）．

数や外国産動物は減っていたが，一事帰休した軍人親子の来園などもあって相変わらずのにぎわいを見せていた．こうしたことも内務省には気にさわったのであろう．まず直轄の東京都の動物園を手始めに動物たちの処分を命令する．いわゆる「猛獣処分」である．昭和18年8月に始まった猛獣処分は，諏訪山，鴨池でも行われ，しだいに全国に展開されていく．京都市では昭和19年3月にクマやライオンの処分を陸軍の命令によって行い，天王寺，熊本，東山，福岡でも昭和19年に入って逐次処分が行われている．こうして全国の主要な動物園の猛獣と大型哺乳類はほとんど姿を消した．

俗にいわれる「猛獣処分」はすべて同様の構造と考えられるが，細かく見ると内務省，陸軍，自主的な処分など処分の命令者，時期，対象動物など微妙に異なっている．

ライオン，トラなどの肉食動物やゾウなどの「猛獣」については，東京の昭和18年から始まり，処分が順次行われている．つぎに行われるのはカバ，サイなどの大型草食動物の実質的処分で，これは昭和19年に入って空襲が激しく，飼料を調達することが困難になったことや，徴兵などにより飼育担当者が少なくなったことも関係している．

猛獣処分は，市民から隠れて密やかに行われたわけではなく，むしろ「動物ですら時局に協力して死地に赴く」として積極的に宣伝されている．

（2）開店休業と閉園

昭和19年の上野の入園者は57万人いて，開業は続けられている．

しかし民間の阪神パークは昭和18年4月に軍用基地となり閉鎖され，到津は昭和19年3月，東山は昭和20年3月に軍部に接収されている．戦争末期に閉園した動物園は，昭和19年に空襲で直撃を受けた甲府や他に仙台，福岡，熊本などである．全国の動物園は，閉園するか，開園していても開店休業状態になった．このうち福岡は昭和27年，仙台は昭和32年にやっと復活している．名古屋の東山は，昭和21年に占領軍に接収され，戦後にも10カ月ほど閉園している．また，神戸の諏訪山は昭和21年になってから閉園を余儀なくされている．

(3) 戦争中の動物たち

第2次世界大戦の後半から末期にかけて猛獣は殺され，大型草食獣もしだいに姿を消していくが，すべての大型動物が死んだわけではない．

猛獣では，諏訪山にミシシッピーワニとオオヤマネコが生き残っていて，おそらくこれだけであろう．

大型獣としては，後にゾウ列車を走らせる名古屋のゾウと京都にもゾウは生き残っていたが，戦後死亡した．上野では，カバは昭和20年4月まで生きているし，キリンがいなくなったのは戦後である．

ともあれ，戦争が終わった時点で生き残っていた動物たちはわずかで，彼らを待ち受けていたのは食糧難である．

2.6 動物園の復活

(1) 戦後直後の動物園

戦争によって動物園は実質的に閉園状態に追い込まれたが，すべての動物がいなくなったわけではない．ある動物はひっそりと生き延びていたし，草食動物などで食糧が確保できる種は，一部ではあるが残されていた．空襲の被害が少なかった動物園では，施設はそのまま使うことができた．飼育係も続々と復員してきた．戦後の食糧難とも関係して，家畜や日本産動物を中心として動物園は復興を始める．

戦後いち早く注目を集めたのは，東山動物園のゾウとチンパンジーである．猛獣処分の嵐のなかでゾウの2頭とチンパンジーの「バンブー」は動物園サイドの努力によって生き延びていた．このときの園長北王英一は昭和12年の開園から昭和32年まで東山動物園の園長を務め，ゾウを守り抜いた園長として名を残している．チンパンジーの「バンブー」は自転車乗りやお絵かきで人気者となり，2頭のゾウは，ゾウ列車で全国的に有名になる．ゾウ列車の発端は昭和24年の上野周辺の小学生の陳情から始まる．戦後民主主義教育が始まり，小学校の子どもたちも議会形式の議論を始めることとなった．東京の台東区では，子ども議会が開かれ，そのなかで名古屋東山にいるゾウ

図 2.13 ゾウ列車で東山を訪れる子どもたち（東山動物園所蔵）.

のうち1頭を，上野に譲ってもらう決議をする．子ども議会の決議は，東京都知事を動かし，名古屋市長への要請となり，並行して上野の園長古賀忠道までも名古屋にお願いに赴く．しかし，ゾウは群れで生活する動物であり，2頭は一緒の生活をしてきたこともあって離すことはできない．この話題は全国におよぶ．「私たちもゾウを見たい」．昭和24年6月，こうした経過を経ながら，全国から東山へと子どもたちを乗せたゾウ列車が走ることになる．彦根市に始まり，東京の台東区と足立区，京都，大阪，そして関東各県から「ゾウ列車」に乗って名古屋に集まるのである．

　こうしたゾウへの熱狂は政治をも動かす．時の首相吉田茂は，インドのネール首相にゾウを贈ってくれるように依頼したのである．また戦前から親日であったタイ王国にも，さまざまなルートを通じてゾウがほしいとの要請が伝えられていた．そして9月，上野にインドとタイからゾウが来日するのである．昭和24年はまさにゾウの年であった．

　戦争直後に国際交流も閉ざされ，外貨もなく，外国産動物の輸入はほぼ不可能であったから，生き残った動物に日本産の動物を加え，さらに人間の食糧も兼ねての家畜を使って動物園は再スタートする．しかし，なかには神戸市の諏訪山動物園のように，戦争中は閉園を免れたものの，昭和21年になって食糧難のために閉園した動物園もある．

（2）古賀忠道の手による再建

　動物園の本格的再建は，やはり上野を中心として行われた．外国産動物が不在のとき，古賀忠道が目をつけたのは子どもたちと家畜のふれあいであった．これはベルリン動物園の子ども動物園をイメージして，ウシやロバからヤギ，ヒツジ，ウサギなどの家畜を，大きな柵のなかで子どもたちに自由にふれさせる方法であった．子ども動物園について古賀は「動物たちがかわいいものであることを体で感じさせる」として，動物を見せることだけではなく，情操教育の場として考えたのである．古賀はまた「おサル電車」を発明する．動物心理学的な実験を兼ねて，サルを訓練して実際に運転させたのである．この電車は，昭和48年まで続くが，その間1500万人の乗客を乗せたという．こうして子どもたちをターゲットにした動物園運営戦略は成功を収め，レジャーや子どもの楽しみを失った人たちへ楽しみと温かさを提供する方策が，全国的にも広がっていく．戦後日本の動物園の基礎はここにあったといってもよい．

（3）全国の動物園の復興

　日本動物園水族館協会が戦後最初の総会を開催するのは，昭和21年5月，宝塚においてであり，このときの最大の話題は展示動物の入手であり，つぎに餌の確保である．上野動物園は，戦争中も生き延びたキリンを餌不足のせいか昭和22年に失っている．日本産動物の共同購入を課題として，上野，東山などが共同してヒグマを購入したのが昭和22年である．動物愛護週間も昭和23年に復活している．

　このころから，動物園の人気に着目した占領軍からの情報などもあり，アメリカ各地から動物が送られてくる．もっとも占領軍からの公式ルートとは別に，英米兵からの贈与があったことにもふれておかねばならない．日本に南方を経由して派遣された米英兵たちは，東南アジア産の動物を秘かに公然と飼っていたからだ．そうした動物たちは日本に上陸した兵隊たちによって動物園に寄付されることが少なくなかった．

　最初に送られてきたのはソルトレーク市からである．第2次世界大戦中，アメリカ在住の日系人は収容所に集められたが，その施設はソルトレークに

あり，日本人の親和性が高かったことも関係していると思われる．

昭和24年4月にソルトレークのホーグル動物園からハコガメとドロガメが送られてきたのをはじめ，6月にはライオン，ピューマ，コヨーテ，スカンクなどが来日して上野に収容され，後に一部は東山動物園にも渡っている．

（4）続々と来日するゾウ——ゾウの時代

ゾウ列車が走り始めるころ，アジアゾウの来日は具体的に日程に登っていた．インドのネール首相は，「インドの子どもを代表して私が贈る」として，その名も自分の娘の名である「インディラ」と名づけ日本（上野動物園）に送ってくる．またタイからは「はな子」が送られてくる．ゾウを贈る決定はインディラのほうが先に決まっていたが，実際にはより日本に近い「はな子」が先に到着した．ゾウの狂騒の第2弾である．インディラはこの後，東日本各地に移動動物園として赴き，戦後の第1次動物園建設ラッシュの火付け役ともなっていく．

以後，ゾウはタイやインドから続々と来日する．昭和25年から26年にかけて日本の動物園にきたアジアゾウは，小田原，諏訪山（2頭），天王寺（2頭），宝塚（2頭），京都，甲子園，浜松，到津，ラクテンチ，熊本（2頭），平川（2頭），あやめ池，姫路，栗林（2頭），野毛山，東山と22頭を数える．ゾウの時代の始まりである．

（5）上野による移動動物園

インドとタイから上野に来園した2頭のゾウは全国の注目の的になった．来日した2頭のうち，はな子はまだ3歳であったが，インディラは15歳の成獣になっていたし，インドの首相から贈られたこともプラスして人気を集め，上野の入園者は昭和24年に350万人を超えた．全国各地からはゾウを連れてきてほしいという要望が殺到してきた．戦後の交通事情も悪く，食糧難，貧困のなかにあって，これを拒否することは困難な状況でもあった．インディラを中心とする移動動物園の計画には国鉄の協力は不可欠であり，また上野動物園の企画力のおよぶところではない．新聞社が中心となって企画は進められ，昭和25年4月に東日本各地をまわることになった．開催地は，静岡，甲府，松本，長野，新潟，秋田，青森，札幌，旭川，函館，盛岡，仙

図 2.14 移動中の列車が止まるとどこからか人が集まる（上野動物園所蔵）.

台，山形，福島，水戸，宇都宮，前橋の17市で，4月29日から10月7日までの約6カ月間である．インディラをはじめライオン，マントヒヒなどの動物たちは，各地で大歓迎を受け，入場者数約240万人，売り上げ収入として2500万円余と報告されている．

（6）博物館法の成立と動物園

　全国がゾウの話題で沸き立っているころ，動物園の運営にかかわる法律制定の動きが進んでいた．日本博物館協会が中心となって，昭和25年8月に「全国観覧教育講習協議会」を開き，文部省に陳情書を提出した．それまで動物園のみならず博物館にも設置，管理運営にかかわる法律はなく，社会教育施設としての位置づけも法的にはなかったのである．11月には法律の草案を作成している．

　この草案における法律名は，「博物館，動物園及び植物園法」であり，動物園から見れば「動物園法」そのものである．動物園の定義としては，「教育及び学芸上価値のあるものを，収集，保管，飼育して，教育的環境の下に一般公衆の利用に供し，その文化的教養の向上，レクリエーション及び学術の調査研究等に資することを目的とする施設」として，設置者は「国，地方

公共団体又は法人（民法第34条に定める法人＝公益的法人）」とされた．

　しかしこの草案には2つの立場からすぐさま反論が出てくる．第1の反論は，「現状の動物園には社会教育施設とは見なされないものが多くある」というもので，この草案だけでなく博物館法の成立過程に動物園サイドからかかわった古賀忠道も，「これは当然のことと思われます」と答えざるをえない．文部省側の案は，法の名称と実体を博物館のみにおいて，社会教育施設としての博物館を強調するものであった．歴史的にも動物園や植物園の多くは地方の教育委員会に属しておらず，公園を中心とした部局に含まれていたことも関係していたであろう．文部省そして博物館関係者から見れば，博物館は図書館のように，より教育と密接した存在として認知させる必要があった．こうして「博物館，動物園及び植物園法」は「博物館法」とされ，その内容も「教育委員会に属すること」「入館料は原則として無料とすること」とされた．この「原則として無料」とは，地方公共団体に属するものは無料で，民間は有料でもやむをえないという考えにもとづいており，動物園のように有料で経営的にも自立していた施設にはいささか無理な注文でもあった．

　第2の反論は，動物園からの「無料反対論」である．地方自治体の公園セクションからも，文部省の決めた法律によって動物園の財源が失われ，その分の支出増を余儀なくされることによる不満もあげられていく．しかし古賀としては，動物園に法的根拠がなければ，遊園地やサーカスと同様の興行施設として扱われてしまうおそれがあることへの不満から，博物館法による位置づけを求めていった．おそらくこうした経緯から，現行法にもある「博物館相当施設」という中間的な概念が生まれてきたのであり，相当施設に登録されたことになれば社会教育施設としての認知を受けることに妥協点を見出したのであろう．ともあれ，動物園法は消えて，博物館法が残った．

2.7　第1次動物園ブーム

（1）子ども動物園型動物園の量産

　全国的なゾウの人気，そして移動動物園というイベントは動物園の楽しさを普及する効果を生み出した．昭和24年末に開園していたおもな動物園は，

上野，京都，天王寺，名古屋，熊本，鴨池，高松・栗林，井の頭，到津，宝塚など10を超えるにとどまっている．しかし昭和25年を境に，地方都市を中心に動物園開園ラッシュが始まる．昭和25年には秋田，小田原，浜松，高知の各市と大分のケーブル・ラクテンチ，昭和26年には神戸市諏訪山動物園が再開したのをはじめ，円山，野毛山，高岡，姫路の各市と谷津遊園，ユネスコ村，昭和27年には甲府の遊亀と三島の楽寿園，昭和28年は福岡，道後（愛媛県）をはじめとして桐生，大宮，飯田，池田，昭和29年は豊橋と久留米が開園した．昭和25年から29年までの5年間で23園を数えることができる．この時期に開設された動物園の特徴は，まずほとんどが市立であることだ．市民の人気に応えること，それを担う観光や行楽資本はまだ十分な見通しを立てるには至っていない．戦前に民間動物園の中心となった関西私鉄も再建にやっとである．むしろ関東の私鉄系資本が，戦後の宅地開発に関連させて動物園を伴った遊園地づくりに積極的で，西武のユネスコ村と京成の谷津遊園，小田急の向ヶ丘遊園などが動物展示施設をつくっている．

　第2には，札幌，福岡，横浜などの大都市動物園を含めて遊戯施設を併設していたことであり，また家畜を中心とした子ども動物園を中心としたことがあげられる．娯楽施設が圧倒的に不足しているなかで，公共団体による家族や子ども向けの動物園として戦後動物園は出発したのである．

　第3には，関東地方以東の動物園が多いことである．戦前においては，皇室から下賜された関係もあったであろうが，上野動物園への遠慮が見られたためであろうか，この地域にはほとんど動物園は存在しなかった．関東に動物園が林立するようになるのは，さらに後のことである．

　そしてなによりも，戦後の解放された雰囲気のなかで，移動動物園の刺激によって動物を見たいという希求が各地に動物園を成立させたといえよう．また，子ども向けの家畜中心の動物園なら比較的開設しやすいという事情も考えられる．

（2）移動動物園の余波

　上野の行った「移動動物園」は，全国各地に多くの動物園を開園させた．しかし，このことは同時にいくつかの「動物園観」を生み出すことにもなった．まず動物園は子どものためのものであるという動物園観である．この時

期設立された動物園は，自治体の首長の肝いりの動物園が多く，また選挙の公約として動物園設立をあげた人も少なくない．子どもに夢と希望と楽しさを与える動物園である．実際この時期以後，入園者のなかでの子どもの比率は高くなっていく．つぎにあまり費用がかからないのではないか，あるいは場合によっては利益が上がるのではないかといった収支にかかわる観念である．こうした観念が事業家の手によって実際に実行されたことは記憶にとどめておいてもよいだろう．

「世界動物博覧会」と銘打った移動動物園が発足したのは昭和27年のことである．会社の名前もなんと日本動物園である．全国を興行して年商100億を超える膨大な売り上げを上げながらコレクションを増やして，昭和30年ごろの最盛期には4060種1万頭の動物を抱えていたといわれる．当時，どの動物園でも飼育していなかったゴリラを5頭，キリン40頭，アジアゾウ22頭などを収容していた．全国を国鉄の貨車を使って移動していた．たとえば，野球シーズンが終わると後楽園球場を借り切って「博覧会」を開催するといった具合である．昭和30年代も後半に入ると全国の動物園も整備される一方，動物園ブームも下火になるとしだいに客も集まらなくなり，消えていく．この「移動動物園」の動物たちの死亡率は高く，飼育状況は悲惨だったといわれる．「日本動物園」はしだいに衰退したが，このとき集められた動物たちは，新しくできた動物園の動物コレクションの重要な部分を構成するといった結果も生み出した．

（3）古賀忠道とその影響

戦後の日本動物園史は，上野動物園が他のレクリエーション施設に先駆けて再出発し，動物園の魅力を全国的に普及させたことによって始まる．このことがなければ，おそらくは動物園の歴史は少なからず変わっていたといっても過言ではない．そしてそのことは古賀忠道という人物をぬきにして語れまい．

古賀は，昭和3年に東京大学の獣医学科を卒業してそのまま上野動物園に就職し，昭和7年には28歳の若さで園長に就任している．しかし，中国戦線は大量の軍馬を必要とし，そのための獣医師は不足しがちであったため，昭和16年には召集され，園長在職のまま陸軍獣医学校に教官として勤務し

ている．「猛獣処分」のときには，上野で勤務していない．こうしたこともあってか，戦後復員したときの意気込みは高かったし，その間に蓄積されていたアイデアも豊富であった．加えて，温厚な人柄，優雅な風貌や幅広い交際などもあってだれにでも好かれ，戦後には日本の動物園長といえば古賀といわれるような位置を確立していった．

　昭和23年には子ども動物園，昭和24年におサル電車を発明し，ゾウ列車，インドからのゾウ，移動動物園の実施などを実行した実績をふまえて知名度もさらに上がっていく．後になるが，国際動物園園長会議の正式メンバーとなった最初の日本人でもある．

　古賀の影響は，上野だけにはとどまらない．戦後設立された多くの動物園では，建設計画を策定する際に，古賀に意見を聞き，招いて指導を乞うている例が少なくない．

　神戸市には昭和3年に設立された諏訪山動物園があったが，昭和18年に猛獣処分を受け，戦後昭和21年，動物不足や経営難で閉鎖されていた．昭

図 2.15　全国の動物園に影響をおよぼした古賀忠道（東京動物園協会所蔵）．

和25年には再開園したが，1haにも満たない面積であったこともあって，新動物園構想が持ち上がっていた．現在の王子動物園の計画である．昭和25年に神戸博が開催され，その跡地を利用して動物園を建設することになり，古賀を招いて構想を完成させている．このときのモデルは無柵放養式といわれるハーゲンベック動物園である．

古賀はそれからも各地の動物園が新設や大改造されるときには，構想・計画に参画するのを要請されるだけではなく，園長をはじめとする主要な人事にもかかわっている．上野動物園園長を退職してからも多くの動物園に影響を与えている．古賀が関与した動物園を列挙すると，戦前の満州国の新京，台北から，戦後は釧路，仙台，盛岡，小田原，かみね，多摩，野毛山，埼玉，甲府，静岡，富山，みさき公園，徳島，安佐，福岡，熊本，宮崎，平川などがある．各地のサファリ形式の動物園が多摩の影響を受けて開設されたことを考えれば，戦後につくられた大規模動物園のほとんどすべてといってもよいほどである．

（4）戦後動物園の展開——外国との交流と新しい視点の動物園

昭和20年代の第1次動物園ブームは，動物園の存在を国民に再認識させたといってよいが，動物園の活動が本格化するのは，一部を除いて昭和30年代からであった．昭和20年代の動物園が子ども動物園と遊戯施設中心にならざるをえなかった理由は，外国産の動物の入手が困難だったことにもよる．大都市の動物園では国際交流や動物商との細いルートを通じた交流によって確保できていたが，全般に外貨の制限が厳しく，外国産動物の入手は限定されていた．

きわめて特殊な例として，上野動物園によるアフリカからの直接買い付けがあったことを紹介しておこう．昭和27年の開園70周年を迎えた古賀園長は，当時企画係長であった林寿郎に命じて，アフリカ・ケニアに直接動物を購入してくるよう派遣する．アフリカへの出張の予定は，昭和26年9月15日から11月15日までの2カ月であったが，この旅はたいへんな旅になる．けっきょく帰国の途についたのは翌年6月3日，横浜港に着いたのは7月22日，なんと10カ月におよぶ収集事業となった．上野の開園記念日は3月20日であるから，とっくに70年祭は終わっている．

こうして持ち帰った動物は，カバ，クロサイ，シマウマ，キリン，チーター，ブチハイエナ，ツチブタなどで，一部は東山などの国内動物園へ譲渡している．ちなみに，このとき東山にはオスのカバ1頭がいた．このカバは日本で重吉と名づけられ，福子とペアとなって19頭の多産記録をつくって有名になった．上野に持ち帰ったオス，メスはペアとなったが，メスのほうはサブコと名づけられ，「糖尿病」を発症して死亡するといった課題を残している．

　林寿郎のアフリカ収集行は，日本の動物園が行った現産地での大規模な直接収集の最初で最後の例であろう．こうした特別な事例は，上野動物園と林寿郎という超人的な人物の存在ぬきには語れない．

　とはいえ，外貨の制限もしだいに緩み始め，日本が国際社会に本格的に復帰する昭和30年代に入って，外国産動物は続々と輸入されるようになっていく．これら動物の輸入は，おもに動物商たちによって担われていた．彼らは，世界の動物商たちとの連携を図り，情報を共有して，動物を動かして，動物園に供給した．動物園もまた，自前で動物を調達する力量を欠いていたことから，動物商に依存せざるをえなかったのである．このことは，動物園がまだ繁殖を十分に成功することができずに，動物を消費する場であったことを意味する．実際，野生動物の生息地である東南アジア，アフリカ，南アメリカでは，野生動物を捕獲して先進国に送り込む業者が数多くいて，日本の動物商はその末端に位置していたといえよう．世界的には，こうした状況を憂いて，動物園における繁殖を重視する方向に向かっていた．また，野生動物の生息地の環境も荒れ始め，無尽蔵にいると考えられていた生息数も減少がはっきりと見えてきていた．

　上野の70年祭は規模，予算などかつてないほどの規模で行われた．動物園ブームを背景に，手狭になった敷地を拡張していくことも展望して，3月10日から5月末まで83日間，約9000万円の予算であり，しかもこの金額を特別入園料で稼いでしまおうというものであった．園外の不忍池畔にも多数の展示館が建てられ，さながら博覧会の様相を呈していた．終了後も北関東，東北，北海道など16市町を巡業している．

（5）特色を打ち出す動物園

昭和30年代は特徴的な動物園がつくられる時代であった．上野の古賀は，多くの動物園計画を指導しているが，「自然の地形は……自然条件に一番適したかたちを保っています」として地域の特質を生かした動物園づくりをめざした．また，異種混合飼育を試みたりして，全国の動物園が画一的なミニ上野動物園におちいってしまうことを避けようと努力していた．とはいいながら，やはり一人の発想には限界があり，全国の上野化は進んでいく．

こうした風潮を脱しようとする動きは，まず特定の分類分野に特化した動物園をつくる動きから始まっていく．

日本モンキーセンター

昭和31年，愛知県犬山市に日本モンキーセンターが設立された．これは，名鉄と京都大学とが協力して設立した動物園で，電鉄資本と大学が協力するというまったく新しいタイプの動物園であった．

明治維新後に狩猟と猟銃が解禁され，狩猟や捕獲の対象となったため，ニホンザルは人里から離れた生活を送っていた．宮崎県の幸島で餌付けという日本的方法によって近距離からの観察に成功したのが昭和27年で，さらに翌年，大分の高崎山餌付けによるサル集めで全国的な話題となった．高崎山はそのまま野猿公苑という名称となり，つぎつぎに各地に野猿公苑が開設され，ブームとなった．昭和30年まで5園，その後35年には22園の野猿公苑ができている．この野猿公苑は，市民の娯楽施設をおもな目的としながらも，サルの生息数の復活，猿害の防止など学術研究の施設としても活用された．野猿公苑は，動物園のジャンルとはいささか異なると思われるので，本書ではくわしくふれないが，最終的には41園まで増えて，その後，獣害など多くの問題を抱えて衰退に向かうが，日本動物園史の周辺的事実として注目してよい．

日本モンキーセンターは，名鉄にとっては集客施設として，京都大学にとっては実験・研究施設として，さらに実験用のサル類の繁殖施設という目的も合わさってつくられた．翌年からは京都大学のフィールドである屋久島から移入したサルを使っての野猿公苑を併設している．日本モンキーセンター

は，京都大学と連携したこともあって，研究部と学芸部門を持った動物園としても日本最初の動物園である．ニホンザルに限らず世界のサルの情報収集・発信機関としての役割も果たすようになっている．

観光と生産との結合——熱川と登別

昭和33年には，熱川バナナワニ園とのぼりべつクマ牧場という専門の動物園が発足した．熱川は，温泉地にあって観光誘致を活用するとともに，温泉の地熱を利用して熱帯性植物を育て，そこにワニをはじめとした爬虫類を飼育・展示するというユニークな発想にもとづいていた．東京農業大学と連携して研究員を置き，昭和36年には伊豆急行が開通するなども加わって観光的にも成功している．

のぼりべつクマ牧場は，クマから採れる胆汁などを製品化して，観光と研究を合わせた施設となっている．これらの動物園は，入園者収入だけでは収支が成り立ちにくい民間動物園が，産業開発と結びつけて経営した動物園の始まりであろう．

多摩動物公園

一方，東京では待望の「第2」動物園である多摩動物公園が誕生している．上野動物園は，戦後の動物園の中心として毎年300万人を超える入園者を迎えていたが，いかにも狭隘であり，終戦直後から第2動物園建設を求めていた．昭和24年には，新宿戸山町に建設する議決までされていたが，GHQの住宅推進政策でストップをかけられ，不忍池周辺に拡張して当座をしのいでいた．東京多摩地域の観光開発と京王電鉄の沿線開発などによる誘致もあって東京都が開設した．京王電鉄は，直接に経営に参加して失敗している電鉄系資本の轍を踏むことなく，沿線拡大と開発を図った珍しい事例として注目すべきであろう．多摩動物公園は，自然動物園として喧伝され，公共団体による大規模郊外型動物園としては戦後初めての動物園でもあった．開園当日25万人といわれる入園者を集めた．

当初は上野動物園の分園として，日本とアジアの動物，そして繁殖を中心にした動物園として出発したが，開園してほどなく日本の動物の人気が優れず，入園者が減少したこともあって，さらに拡張してアフリカ園を開園して，

図 2.16　多摩動物公園ライオンバスの始まり（東京動物園協会所蔵）．

ライオンバスを走らせるなどの新機軸を開発して，サファリ形式のモデルともなり，運営は定着していった．ライオンバスのアイデアと実行にこぎつけるまでは，初代園長である林寿郎の発想とバイタリティによるところが大きい．その後，おもに大型動物の繁殖に実績を示している．多摩動物公園は，郊外型，サファリの導入など先進的な展示をして，その後の日本の動物園界に強い影響を与えていくことになる．余談になるが，この時期から十数年を経ても，多摩動物公園は，東京の第 2 の動物園としての位置を与えられている．2 番目にできたのは井の頭自然文化園であるはずだが，しかし井の頭はごく最近まで動物園として位置づけられていなかったのである．

近藤典生の動物園

　昭和 34 年には，伊豆シャボテン公園が開設されている．この動物園は，その名のとおりシャボテンの育種を機軸に運営されており，設計思想にも動物と植物の共生関係を置いている．設計者は東京農業大学の近藤典生教授で，既存の動物園の発想にとらわれないことから出発して，生態を景観的に見せる点に主眼を置いている．また，動物を柵や檻内に閉じ込める印象を極力排除する工夫をして注目を集めた．近藤はこの他にも，長崎鼻パーキングガーデン（昭和 41 年），平川動物園（昭和 47 年），長崎バイオパーク（昭和 55

88　第2章　動物園の歴史

図 2.17　近藤典生の設計による伊豆シャボテン公園（近藤，1992より）．

年），名護自然動植物公園（昭和60年）などの設計を手がけ，いずれも独特な動物園として日本動物園史上，特異な位置を占めている．

久留米市鳥類センター

　第1次動物園ブームにあたる昭和29年，久留米市には約1000 m^{2}のミニ動物園ができていたが，30年代に入ってクジャクの繁殖に力を入れ始め，

昭和38年には「千羽孔雀」となって一躍注目を浴びた．昭和45年，中央公園に移転するとともに施設名称も鳥類センターと変更して，鳥類専門動物園として出発した最初の動物園である．

中都市の動物園

昭和32年と33年は，このような特色を持った動物園が開園した時期ではあったが，一方で昭和20年代と同様の傾向を引き継いでいる動物園も開園している．昭和31年から35年までの間に開園した動物園としては，すでに説明した5園の他に，大牟田，徳島，かみね，小諸，岐阜，みさき公園，金沢，池田市・五月山，徳山など14園を数えていて，中規模都市の動物園がめだつ．また，徳島や小諸など既存の城郭や公園，施設を利用・拡張した動物園が見られる．

レオポンの誕生と実験的交配

今日では見られなくなったが，かつて動物園での研究課題として異種交配が行われた．昭和30年代，宝塚，京都，天王寺，姫路などでは，おもにネ

図 2.18　レオポンの「レオ吉」（阪神パーク所蔵）．

コ科トラ属大型獣，ライオン，トラ，ヒョウ，ジャガーを組み合わせようとしたのである．これらの異種交配は，家畜・家禽での長い伝統を持つヨーロッパでは19世紀から行われていたが，日本では戦後になって注目され始めた．最初に成功したのは，昭和34年，阪神パークのレオポンである．レオポンはオスヒョウとメスライオンを交配させたもので，2頭生まれたうちオスの「レオ吉」は昭和52年までの18年間生きた．昭和37年にも3頭出産している．阪神パークでは，タイポン（オストラ，メスレオポン）という3種間雑種に挑戦して，妊娠までこぎつけている．その他，ライガーやタイゴンなどの繁殖に関西の動物園が取り組んだが，いずれも成功していない．異種交配としては，昭和45年，旭山でドブラ（シマウマ×ロバ）に成功している．希少種の保存が課題となり，トラなどの亜種による管理が行われる昭和50年代には姿を消している．

行川アイランドのフラミンゴ

昭和39年に開園した行川アイランドは，日本の動物園のなかで特異な存在である．房総半島の太平洋岸に，とくに周辺に有力な観光施設も見られない場所に建設された．しかし，フラミンゴダンスで一躍有名となり，一時は年間100万人を超える入園者を迎えた．実際，この動物園は，採算を度外視されて運営された民間動物園であり，設立者が森財閥の当主であったためにできた動物園ともいえるが，フラミンゴを日本人の脳裏に刻みつけた動物園として記憶されてよい．

昭和30年代動物園の特徴

ともあれ日本の動物園は，戦後の動物不足と家畜や小動物中心の動物園から抜け出て，新しい発想から拡散・展開し始めたのである．そしてこれらの特色を主張した動物園は，上野動物園の影響から離れて新たな展示形式を模索し始めた．

2.8　郊外型動物園の展開

戦前から戦後にかけて開園された動物園は，その多くは都市中心部にあっ

て狭隘であった．郊外動物園としては，東山，円山，かみねがあったが，昭和33年に多摩動物公園が加わって成功すると，都市内の狭隘な環境から抜け出て，郊外へと展開していく．こうした多摩の動きに刺激され，郊外型の動物園が新たに建設されるとともに，広くて安全な郊外に移転する動きが出始めるのが，昭和40年代である．

　本格的な郊外移転は昭和40年の八木山動物公園から始まった．アジア，アフリカなどの地理的区分によって配列され，シマウマ，キリンなど群れでの混合飼育を行った．本格的な爬虫類館が建設されたのは仙台が初めてであろう．

　これを皮切りに昭和42年には旭山，昭和44年に静岡市日本平動物園が開園し，同年熊本動物園が郊外に移転，昭和45年には豊橋動物園も郊外に移転，昭和46年には広島市安佐動物公園，宮崎フェニックス自然動物園，昭和47年には鹿児島市鴨池動物園の閉鎖と平川動物園の開園，大森山動物園（秋田市，昭和48年），昭和50年には釧路市動物園など郊外型の動物園の開設や移転が相次いでいる．少し後になるが，浜松市動物園（昭和58年），茶臼山動物園（長野市，昭和58年），とべ動物園（昭和63年，道後動物園から）も郊外に移転して，装いを新たにしている．

　これらの動物園の設計は，古賀忠道が携わっていた．古賀は上野動物園を退職して東京動物園協会の理事長の要職を務めていたが，立場としてはフリーになっていた．こうして各地方都市が敷地の豊かな大規模な動物園建設に取り組んでいった．

　旭山動物園は，最北の動物園として北方系の動物を中心に展示する．また当初からホッキョクグマなど希少動物の繁殖に力を注いで特色を出した．

　日本平動物園は，古くから景勝地として知られる自然公園に，新たな誘致施設としてつくられた．自然公園区域内につくられた動物園としては多摩に次ぐが，この時代から動物園が親子で気軽にピクニックに行く場として再認識され始める．

　豊橋市での動物園の歴史は古く，明治32年，安藤政次郎がつくった施設が始まりといわれている．その後，豊橋市は市有地を提供するなどして公的性格を強めていったが，昭和6年には寄付を受けて市立動物園として市内花田町，さらに向山町に移転した．昭和20年，空襲を受けて閉鎖した．昭

図 2.19 豊橋動物園のんほいパーク（さとうあきら撮影）.

29年，豊橋公園内で再開され，昭和45年に郊外の丘陵地に移転して，新しく豊橋子供自然公園として再出発した．

　安佐動物公園はユニークな動物園として建設された．園長の人選を依頼された古賀は，発想豊かな小原二郎を選び，計画段階から建設に参与することになった．初代園長・小原二郎の主張点をまとめると，つぎのような特徴が見られる．①動物園は子どものためだけの施設ではなく，自然界の仕組みを解き明かすための調査や研究をふまえて，環境教育すべき場である，②利用者を広域住民と設定する，③繁殖を推進して新たに自然界から捕獲しない，④レクリエーションの機能とは知的好奇心を満足させる方向に向けるべきである．小原のスタンスはその後の安佐動物公園の運営に生かされ，今日でもオオサンショウウオの野生個体群の研究と保護の場として，その役割を実行した代表的存在となった．

　平川動物園は，鹿児島市内中心部にあった鴨池動物園を昭和47年に移転させたものだが，従来の動物園とはまったく異なった観点から近藤典生の手によってつくられた動物園である．動物の生態と全体の景観を重視した展示は，植物と動物展示施設を統一的に取り扱った最初の本格的な動物園として記憶されてよい．

　釧路市動物園は，東北海道の希少種を展示して特色を出して，昭和50年

に開園した．開園直後，タンチョウやホッキョクギツネを繁殖させ，シマフクロウ，オジロワシ，ゼニガタアザラシの繁殖やこれらの種の野外調査研究にも着手した．

　これらは，子ども動物園型の小動物園から，郊外で広く敷地をとった総合動物園の開花・転身であり，多くはハーゲンベックスタイルの展示様式をとり，回遊式の観覧通路を持っていた．

2.9　パンダ日本を席巻する——パンダと子ども動物園

（1）上野動物園のパンダ

　昭和47年，日中国交再開のしるしとして中国からジャイアントパンダ，カンカン，ランランが贈られ，爆発的な人気で迎えられた．上野動物園の来園者数は，その後昭和52年，750万人をピークにして10年間で6000万人を超えている．パンダは国民的アイドルとなったが，日本社会が動物を見直すきっかけをつくっている．

　パンダをはじめとした動物種が絶滅の危機に瀕しているという事実があらためて思い起こされる結果となった．絶滅の危機，種の保全などの言葉が日本語として通用するようになったのは，パンダ以後のことである．また人工授精，衛生管理など獣医・畜産工学への寄与ももたらした．これらは動物園の飼育技術を発展させるとともに大学との連携への道を開いていった．パンダの登場は，再び三たび，動物園ブームをつくりだすとともに，野生動物への国民的認識を変えていったといえよう．

（2）サファリパークの誕生

　昭和39年，多摩動物公園で始まったライオンバスは，ライオンの群れのなかにバスを乗り入れる形式で人気を博した．近くから見るライオンの迫力は，これまでの日本の動物園にはなかった動物の姿を見せてくれた．またキリンやダチョウ，シマウマなどの群れ混合飼育も新しい試みであった．ライオンバスは，ライオンの脱出やバスが故障した際の事故対策など各方面から寄せられた不安を払拭したことによって，日本でのサファリパークの可能性

図 2.20　ジャイアントパンダの日本到着（東京動物園協会提供）．

を開いた．

　昭和 46 年に開園した宮崎フェニックス自然公園は，これまでおもに自治体によって開園されてきた昭和 40 年代郊外展開の民間バージョンでもあり，それはアフリカ園での群れ・混合飼育，フラミンゴ・ダンスなどエンターテイメント性を高めた．

　さらに現在につながるサファリパーク形式の宮崎サファリパークが，昭和 50 年にオープンする．サファリパークの特質は，自家用車，観光バス，タ

図 2.21　サファリ形式の群馬サファリパーク（さとうあきら撮影）．

クシーが直接動物放飼場内に乗り入れられることにあった．当初は入園者が車から降りて記念写真を撮ったりして事故を引き起こして問題となったが，しだいに定着していく．

　昭和51年には大分にアフリカンサファリが開園したのをはじめ，昭和52年秋吉台，昭和53年白浜，昭和54年群馬，昭和55年富士，昭和59年姫路とサファリパークの全盛を迎える．これらサファリパークの特徴はすべて民間経営によるもので，安定した入園者を確保していることである．地域の観光開発と連携した事業展開を行っていることも指摘できる．その背後には，マーケットリサーチなどによってつねに新しいニーズを把握している努力がある．宮崎サファリパークは，昭和61年に撤退したが，それ以外のサファリ形式による動物園は上記の他に岩手，福島，那須などにも開園しており，民間動物園として安定した位置を占めている．

（3）子ども動物園の新たな展開

　昭和40年代後半から50年代はまた全国の大都市のすべてに動物園ができるとともに，さらに民間，中小都市で子ども動物園が開設された．

　昭和55年に開園した埼玉こども動物自然公園は画期的な動物園であった．32 ha の広大な面積を使って，子どもの教育を中心テーマとしてつくられた．

図 2.22 日本最初の本格的子ども動物園——埼玉こども動物自然公園（さとうあきら撮影）.

動物とのふれあいや牧場，乗馬，人工河川でのドジョウやザリガニ，児童館など，これまで子ども動物園型で取り入れられてきたすべての要素を含む総合的子ども動物園でもある．教育のテーマとしても動物への理解を中心としている点でも特筆すべき動物園である．

埼玉はまたキリン，コアラなどを導入するとともに，鳥類の繁殖でも実績を上げていく．

（4）関東の動物園

戦前・戦後を通じて関東地方の動物園は少なかった．東京都と民間の小動物園を除けばほとんどないといってよい状態であった．こうした状況が変化し始めるのは昭和50年を過ぎたあたりである．すでに述べた埼玉こども動物自然公園が昭和55年に開園したのをはじめ，昭和56年に東武，昭和57年に金沢（横浜市），昭和60年に千葉市などの大規模動物園が産声を上げている．また中小規模動物園も，市川，羽村，江戸川，板橋などで加わっている．関東が動物園地域として後発になっているのは，上野という存在が与えてきた影響の大きさを物語っている．

（5）遊園地型・観光型動物園のあいつぐ撤退

日本の動物園史において公立動物園が完全に閉鎖した事例は，皆無といってよい．戦争で閉鎖された動物園も，戦後に形式を変えるなどなんらかのかたちで復活している．昭和30年代後半から人件費の上昇や入園料の据え置きなどの結果，財政支出が増加しても，他方で子どもの教育・情操，犯罪などとも無縁で安心して楽しめる場としての動物園は日本社会に定着していった．

一方，民間動物園はこうした動物園観が定着するなかで，新規投資に躊躇すればしだいに陳腐化して，それが赤字を呼び，投資・営業意欲を失っていく．東京ディズニーランド（TDL），ユニバーサルスタジオ（USJ）など新しいレジャー産業が隆盛になるにつれ，土地転用の誘惑などにも耐えられなかった．

日本動物園水族館協会の加盟園から見た，公立と民間との動物園数の推移は，表2.1のとおりである．

平成10年を過ぎて，民間動物園が急速に少なくなっているのがわかる．民間大手でまず動物園経営から撤退したのは，昭和47年の京成電鉄・谷津遊園であるが，その後，名鉄・香嵐渓ヘビ・センター（平成5年），行川アイランド（平成13年），阪神パーク（平成15年），宝塚動植物園（平成15年），ケーブル・ラクテンチ（平成16年），長崎鼻パーキングガーデン（平成16年），日本カモシカセンター（平成20年）など閉鎖する動物園が続いている．西武鉄道・ユネスコ村も，1990年に宮沢湖に移り，継続させていたが，平成20年には動物園から撤退した．

こうしたなかで，民間経営から公立へと経営母体が変わった動物園も出現

表 2.1 動物園数の推移

	合計	公立	民間	民間比率
昭和39年度	50	33	17	34.0%
昭和57年度	73	45	28	38.4%
平成元年度	91	58	33	36.3%
平成12年度	100	67	33	33.0%
平成19年度	89	68	21	23.6%

してきた．金沢動物園が県立で再生して石川県・いしかわ動物園へ，宮崎フェニックス自然公園が宮崎市によって引き取られ，到津遊園は北九州市・到津の森公園になり，これらの例は採算が悪化したが，地元の市民の要望などにより，公立で再開園したケースである．

2.10 多様化する動物園

（1）日本産動物への注目と教育

昭和59年に開園した富山市ファミリーパークは，日本産動物の展示と保全に軸を置いた動物園として注目された．動物園といえば外国産の人気動物が中心となるが，テン，ムササビなど国内産の動物に焦点をあてて展示・教育，研究を重視している．また，園内の地形を利用したビオトープをつくるなど自然との直接的なふれあいを重視している．ほぼ同時期に，東京の井の頭自然文化園でも日本産動物を中心にした方向に切り替えて，地味ながら日本の動物の再認識に向けて動き始めている．

（2）大規模になる郊外動物園

昭和末から平成にかけて，地方自治体によって新しい動物園がつくられている．いずれも都市近郊からさらに離れた場所にゆったりとした面積をとった大規模動物園である．これらのほとんどがハーゲンベックスタイルの展示で，大型草食獣の群れや混合飼育を行っている．また，この時代はテレビ，ビデオによる監視システムが導入され，夜間の行動観察を行うなどして飼育技術の発展を見た時代でもあった．

昭和57年に開園した横浜市金沢動物園は，狭隘である野毛山動物園の第2動物園として大型の希少種を集めて注目を集めた．ソマリノロバ，アラビアオリックス，アノア，クイーンズランドコアラなど初来日の動物も多く飼育したが，国内動物園の交流による共同繁殖の時代がやってくるにつれて，動物の補充に苦労することになる．

道後動物園の後身として愛媛県砥部町にとべ動物園が誕生したのは昭和63年である．動物園内に統一したデザインによるサイン計画が導入された

のは，この動物園が初めてである．

　平成元年に盛岡市に，平成3年には高知県野市町にそれぞれ動物園が誕生している．

　昭和40年代の郊外型動物園と異なるのは，もはや鉄道による輸送を期待していないところであろう．郊外といっても都市近郊ではなく都市中心部から遠隔な場所にあって，大量の入園者を想定していないともいえる．動物園が地方自治体の行政のなかで安定した地位を占めるに至った結果ともいえよう．また展示のみならば希少種の繁殖が強く意識されていることにある．

（3）横浜ズーラシアと天王寺の再生計画

　平成11年に開園した横浜ズーラシア（よこはま動物園ズーラシア）は，これまでの郊外型動物園の集大成ともいうべき動物園である．繁殖専門で展示しない「繁殖センター」を備え，バックヤードと観覧スペースを完全に区別して，来園者と管理車両が交差しない計画となっており，これまでの動物園の到達点をふまえた設計になっている．教育セクションは飼育部門とは独立していることも特徴としてあげられる．展示方式としてはランドスケープイマージョン（L.S.I.）の手法を意識した最初の動物園でもある．動物は希少種を多く導入して，これまでにない動物園をつくりあげた．飼育においてもキーパーとスウィーパー（清掃担当）とを区分して，観察や飼育技術の向上をめざした．

　既設の動物園では，都心部にある天王寺動物園がランドスケープイマージョンの手法を駆使して積極的に園内改造を行っている．爬虫・両生類，カバ舎，サイ舎，ゾウ舎，サバンナと猛獣とのパノラマ展示などこの10年間でまったく様変わりしている．

　希少動物の域外保全をめざした東京都のズーストック計画は，平成元年から本格始動して，その基本的思想が全国に普及するとともに，それにふさわしい施設づくりという観点からもこうした動物舎の改造が行われているといえよう．

（4）旭山動物園のブレーク

　平成に入って動物園は低迷期ともいえる状況に入った．ズーストック計画

などの種保存計画が進められ，教育事業への取り組みも進展を見せる一方，入園者数は減少していく．少子化やTDLの隆盛など動物園の基盤が崩れ始めたのである．なかでもTDLの影響は大きく，遊園地と遊園型動物園の撤退が進んでいった．TDL発足当初は5-6歳以上の子どもとその親，若者，カップルが主要な入園者であったが，しだいに子どもの年齢が下がり始め，修学旅行などにも取り込んで，動物園本体の入園者層と競合し始めたのがこのころである．こうしたなかで動物園は方向転換を迫られたのだが，多くの動物園はパフォーマンスの強化などの道を歩み，混乱におちいっていた．

旭山動物園は，動物の行動を引き出すことに注目して，平成12年度からペンギン，オランウータンなどの動物展示施設を更新して注目を集め始め，平成14年には67万人，15年度には82万人，16年度に145万人と北海道内，国内，海外と入園者の範囲を拡大していき，上野と匹敵するまでに至っている．

旭山動物園が他の動物園とその周辺に与えた影響は大きい．それは，動物園を再認識する機会をもたらしたとともに，動物園本来の進むべき方向である動物展示を充実させることで来園者の誘致が可能であることを示したからである．

ここから各園のさまざまな工夫が始まっていく．そのなかには小手先の真似ごとに類する展示も含まれているが，動物と展示という動物園の主要な要素が再び脚光を浴びていることは間違いないのである．

第 3 章　展示と飼育

3.1　展示

　第 1 章で，展示によるメッセージ発信が動物園の基本的な構成をなしていると述べた．ここでは，さらに展示の具体的なあり方についてふれていくことにする．

　人類は外的世界から多くのメッセージを感覚諸器官と個々人の持っている文化的バックグランドを通じて受け取っている．とはいえ，受け取る情報は圧倒的に視覚や聴覚に依存している．動物園では動物から聴覚的情報を得ることが少ないから，ほとんどのメッセージは視覚によって受け取っていると考えてよいであろう．最近ではハンズオンなど五感による教育がいわれることが多いが，多くは二次資料によるもので，すべての来園者に適用されるわけではない．動物園は動物を見にいくところなのである．

（1）展示の制約

　動物展示にはいくつかの制約と限界がある．野生動物を都市に持ち込み，健康に飼育して，安心して来園者に見てもらう．こうした飼育下にはいくつもの困難がつきまとう．まず，そうした制約条件について見ていくことにする．

空間的制約

　当然のことではあるが，動物園は動物が生きていく場そのものではありえない．絶対的な空間的制約がある．野生動物もすでに，人間による開発圧力を受けてその自然的制約を受けている．国立公園として保護されている空間

も，もはや原生的自然を失いつつあり，その意味では動物園の延長線上に位置するといえるが，国立公園や自然保護区が，減少する動物の生息区域を開発圧から守る動きであるのに比べ，動物園は都市内に動物を持ち込み，その擬似的生息空間を拡大するという意味においてベクトルが異なっている．

　展示は，たんに自然の状態をそのまま縮小生産するわけではないし，生息地のなかから部分を切り取って動物園に移すことを意味するのでもない．生息地環境のなかから主要な要素を選択して再構成しているのである．動物だけを見せていた時代は，展示の空間には動物を入れておくだけであったが，しだいに同じ場所に生息している動物，そこにある植物，地形など表現したい要素を増加させ，生理上の要求に応えるようになってきた．これらは，野生動物とその生息地の環境を再構成してきた歴史に他ならない．

動物の行動上の制約
　飼育下に置かれた動物の行動は，多くの制約を受ける．
　①［採餌］生きていくためには不可欠のことで，野生動物は採餌とその探索に多くの時間を費やすが，飼育下では餌は外部（飼育係）から与えられ，自ら採ることはほとんどできない．
　②［捕食行動および捕食者から逃れる行動］動物園の周辺および上空にも野生動物はいて，飼育動物もカラスやタヌキ，ヘビなどと一定の交流を持つことはあるが，原則として捕食-被捕食関係にある他種との交流は途絶されている．
　③［物理的な障壁］壁，柵，ネット，ガラスなど物理的に隔離されていることはいうまでもない．これらはおもに動物をその外に出さないためのものであるが，ときに来園者を動物に近づけさせないためにも使われる．動物たちは移動して自らのテリトリーや行動域（ホームレンジ）を確保するうえで制約を受ける．また，子どもが成長して新たな生活空間を求めて親のテリトリー外に出ることも，動物園間の移動が行われることもある．
　④［気象条件］温度，湿度，寒暖の差など野生状態を再現することは，費用や施設の面からも困難である．一般に熱帯多雨林の動物は多様で，動物園ではその半数以上の飼育動物がそこからやってきているが，多くの動物園は温帯にあり，その気象条件に馴化することを余儀なくされる．熱帯域にある

動物園，たとえばシンガポールなどの赤道近く動物園の雰囲気が豊かなのは，動物たちが馴化する必要がないためと思われる．

⑤［来園者との関係］まず来園者におよぼす危険がある動物によって，来園者が負傷をするなど被害を受けてはならないのは当然である．そのため最低限の距離をとっておかねばならない．また逆に来園者が動物に餌や不消化物を与えることから，その防止も必要である．来園者による餌やりによって，過食，肥満，病気などが引き起こされる．さらにヤギにチリ紙を与えるなど，誤解やいたずら，悪意を誘発するのを防止する必要がある．キリンにゴムボールを与えることで胃が破裂した事例もある．人獣共通伝染病が来園者から動物に伝染する例も少なくない．インフルエンザなどが類人猿にうつってしまう例や，戦前だと結核の感染による死亡例は多いのである．

⑥［動物は見られるために存在しているわけではないこと］来園者と展示動物の関係は一様ではない．種によっても，来園者のスタンスによっても違う．一般的にいえば，動物にとって他者の存在と見られていることは，ストレスなどを昂進させる．しかし動物園では，動物は見られていなければならないという矛盾する関係となっている．

（2）展示の歴史

ヨーロッパと日本の系譜

展示の歴史は，動物によるメッセージの表現を向上する歴史でもあるが，同時に前述の制約を最小限にするための歴史でもある．動物園設計者でもある若生謙二は，展示の歴史を「……動物を囲い込むためのバリヤーによる視覚的障害を取り除くための努力であった」と述べている．

ヨーロッパにおける近代動物園は，いくつかの前史を持っている．庭園，公園といった緑や修景のなかでの動物展示，移動檻などに収容して見せた移動動物園やサーカス，郊外の狩猟地や農場との関係でつくられた囲い込み地での展示などである．翻って日本の動物園は輸入された単一の動物園イメージによってつくられ，またもっぱら都市中心部に設置されたこと，農場と動物園が結びついていないこと，庭園的修景と動物の関係が希薄なことなどの関係で，柵や檻などによる囲い込みから出発している．いいかえれば，日本の動物園での展示の歴史は，檻や柵による制約をどのように取り除こうとし

てきたかという側面とそのなかでどのように動物のメッセージ力を向上させてきたかを中心に考察するという2つの側面から見ていくことができる．

柵と檻

設立当初から明治・大正期には，もっぱら柵と檻が使われていた．この場合の制約条件は，動物の逃走と人への危害防止であった．大型草食獣には，ジャンプ力や破壊力に耐えられるだけの強さ，高さを持った柵が多用され，肉食獣や猿類には，鉄の檻が使われた．飛翔力のある動物も檻である．注目すべきなのは，穴（ピット）や濠のなかで動物を展示する例が見あたらないことで，どちらも石積みの技術と大規模の土木工事を必要とするところから費用的な観点で忌避されたと思われる．ピットは，ヨーロッパではクマに多用され，日本でも明治11年に上野公園にある亀松小路に石造りの熊用のピットが設置された記録が残されているが，明治15年に上野動物園が開園するころにはなくなっている．以後，このスタイルの展示は採用されていない．

このスタイルはほとんど檻型の展示によって代替されているところから見ると，日本人の動物園イメージと対立するなにかがあるのかもしれない．

図 **3.1** 井の頭自然文化園の武蔵野ハビタットの柵（さとうあきら撮影）．

図 3.2 日本モンキーセンターのサル舎（さとうあきら撮影）.

濠の活用とプール

 1907年（明治40），ドイツのハンブルグで開園したハーゲンベックの動物園の展示形式は，ヨーロッパ，アメリカそして遠く日本にも影響を与える．檻や柵を取り払い，動物と観客の間にはモートと呼ばれる濠を囲わせて動物を直接に見せる形式である．また動物と動物の間にも見えない濠をつくり，肉食獣と草食獣があたかも同じ空間にいるかのような展示を行った．このことによって動物地理学的展示は急速に進展することになる．同じ地域に住み，各種の競合関係にあるために一緒に入れることができない動物を，同一の視野に入れることができるようになった．

 またこれを発展させて，後背に土を盛り，高いところに高地産の動物を置くスタイルが，ハーゲンベックによって追加され，高低差を利用したパノラマ型展示も行われた．

 日本においてハーゲンベック型展示を取り入れたのは，昭和12年，名古屋に開園した東山動物園で，柵のないライオン展示をつくり話題となった．それに先立つこと4年前にローレンツ・ハーゲンベックが名古屋にサーカスを連れてきた際に，当時の北王英一園長が直接指導を受けてつくられた．

 ハーゲンベックの影響は，上野にももたらされていた．それは無柵放養式として知られる展示ではなく，アシカやホッキョクグマのプール，サル山と

して現れている．観客と動物の間に濠を設け，それをプールにしてホッキョクグマに泳がせた．その意味では無柵放養式ということができる．サル山は一種の濠ともピットともいえる展示であり，おそらく大きな穴を掘ってそのなかに動物を飼うスタイルは日本では初めてであろう．ホッキョクグマ舎は

図 3.3 動物と観客をモート（濠）で隔離する——横浜市金沢動物園（さとうあきら撮影）．

図 3.4 ガラスで仕切られるゴリラ——上野動物園（さとうあきら撮影）．

昭和2年，サル山は昭和6年の建設である．

さらに大規模にこれを取り入れたのは，満州帝国の首都新京に昭和17年に開園された新京動物園であり，新京ではほぼすべての動物舎がハーゲンベックスタイルでつくられたといわれるが，内容はつまびらかでない．皮肉にもその3年後，ハンブルグは空襲を受け80%が破壊された．また，新京動物園も，開園するころには第2次世界大戦に突入していたため，外国産動物の搬入ができなくなり，上野や名古屋からライオン，トラが送られたこと以外にはっきりした経緯はわかっていない．

子ども動物園型（お触り・タッチ・ふれあい）

戦後の展示を代表するのは子ども動物園とゾウであろう．ゾウは調教して人と接触できる動物だと考えられ，またそうして飼育してきたので，物理的な破壊力への防御を行うことで制約を回避してきた．子ども動物園も，子どもたちと小動物が接触することで成立していたから，動物園における制約は表面化しないままに現在に至っているといえる．子ども動物園は日本の動物園の際立った特徴を示している．

戦争直後から昭和30年代の動物園は都市内の比較的狭い動物園が多かったこともあり，それ以外の猛獣や大型草食獣は，従来の檻と柵によって仕切られているスタイルを踏襲していたといっても過言ではない．

ハーゲンベックスタイルの全面開花──郊外型動物園への展開

檻や柵で動物を仕切るスタイルに全面的に変更を加えたのは，戦前の東山動物園であったが，これを都市内で変えたのは，やはり上野である．新たに不忍池周辺の敷地を確保してまったく新しいハーゲンベックスタイルを導入した動物舎をつくったのが，昭和29年から34年にかけて建設されたアフリカ生態園である．これは手前からフラミンゴの池とカバのプール，少し上方にサイ，トムソンガゼルなど平原性の草食獣やダチョウなど，さらに最上部にはライオンとバーバリシープ山と3段階の高さの動物舎をつくり，一番下からはすべての動物が見えるとともに，各動物舎の前にも通路を設置して近くからも見えるスタイルであった．ハーゲンベックのパノラマ式を導入したものであるが，設計に無理があったせいか，しばらくして姿を消した．

図 3.5　上野動物園に導入されたハーゲンベックスタイルのビスタ（旧西園）．

　この時代に開発された手法としては，池を活用した「島型」展示がある．不忍池のなかに島をつくり，そこにテナガザルなどを放飼したのである．この島型展示は，後の平川動物園や多摩動物公園，日本モンキーセンターなどでも応用されている．
　これとほぼ並行して開園されたのが多摩動物公園で，斜面地にモートを多用して無柵放養式の展示を行った．
　昭和 40 年代に入ると，新しくつくられる動物園は，ほぼ郊外の広い敷地に無柵放養式の動物舎がつくられ，また既存の都市中心部の動物園も続々と郊外に移転して同じスタイルを踏襲していた．興味深いことは，ハーゲンベックスタイルのうち無柵放養式は多くの動物園で取り入れられたが，段差を利用したパノラマ式のものは少ない．斜面を利用してつくられた動物園でも，パノラマ型に下から一望に見渡せるかたちのものはほとんどない．
　ともあれ，郊外型動物園への転換は，日本の動物園のスタイルを決定づけたともいえる．

景観との関係

昭和50年代にもなると，東京農業大学教授で生物学者の近藤典生の設計による緑を中心とした景観を背景にした展示が注目される．

日本の動物園は，ヨーロッパの動物園のできあがった結果の一部を輸入してきたから，周辺景観との結びつきは希薄であった．動物だけを見せることに専念していたといえよう．近藤典生が昭和34年に伊豆大室山に「伊豆シャボテン公園」を計画したときにメインテーマとしたのは，景観と動物の統合であり，ジオラマ的な景観形成である．また近藤は「動物の配置も，視線を考慮しながら，遊歩道をできる限り曲線とし，30m毎に見せ場を作る」としたが，これを造園学者の進士五十八は，回遊式日本庭園の考え方を一部取り入れていると指摘している．

近藤のコンセプトが景観であれば，そこでもっとも障害となるのは柵，格子，網であろう．近藤はこれらを濠と池，動物の開放，ガラスの多用などによって排除している．近藤は同様のコンセプトで長崎鼻パーキングガーデン，平川動物園などを完成させている．

しかしこのような展示形成は，動物の飼育管理との対立を引き起こす．それは第1に脱出の可能性の増大であり，第2に飼育個体の把握がより困難に

図 3.6　桜島を背景に活用したサバンナ展示――平川動物園（さとうあきら撮影）．

なることである．動物の脱出は，飼育現場にとっては最大の関心事で，これを防止することが第一義的課題であったし，現在でもそれは変わっていないから，近藤の方式は日本の動物園ではあまり採用されることはなかった．またこの方式では，日本の動物園の重要な構成要素である猛獣類を展示するには限界があることも，その後近藤が「忘れられた」設計家になった理由としてあげられよう．しかし景観への配慮は，後のランドスケープイマージョンによって別のかたちで再生されることになる．

ランドスケープイマージョン

昭和40-50年代の日本の動物園展示は，動物園の郊外化に伴って無柵放養式と独自の展示形式に二分できる．ここで注意しておくが，当時「展示」という言葉はもっぱらラベルや解説板，短期的に開催される室内型の展示という意味で使われており，博物館型の展示を意味していた．昭和50年代後半になって，今日使われる展示は「生体展示」と呼ばれていた．

1980年代に入ってアメリカでは，心理学を応用して来園者にイリュージョン効果を引き起こす展示方法が追究されていた．かたちや線，色を演出して「幾何学的錯視」をもたらす現象はよく知られているが，これを動物展示に持ち込んだのである．

一方，アメリカの造園家ジョン・コーは，生息地の環境をできるだけ再現することによって，すなわち自然環境の構成要素のなかでももっとも影響力の大きい植物，水，岩山などを重視して，その環境に来園者をひたり込むようにさせることで，最大限の演出効果を引き出す展示方式を「開発した」．ランドスケープイマージョンである．

この手法は，平成11年に開園した横浜ズーラシアの設計にあたって日本でも導入され，豊橋動物園（のんほいパーク）のバイオーム展示に応用されるとともに，天王寺動物園のサバンナ展示などで本格的に導入されるようになってきている．

ランドスケープイマージョンの発展を技術的にバックアップしているのは，植栽技術，擬岩技術，強化ガラス，電気柵であり，動物学的には動物心理学，動物行動学であろう．こうした多面的な科学・技術領域に支えられて発達してきた展示手法でもある．

図 3.7 ランドスケープイマージョンを使ったチンパンジー展示——横浜ズーラシア（松井桐人撮影）．

「動物を見せる」展示と里山を利用する展示

　近藤の設計哲学やランドスケープイマージョンは，環境的・視覚的・心理的効果と動物との融合であった．それは動物をめぐる諸領域を取り込んだ展示手法である．

　他方，日本においては，こうした流れとは対照的な展示手法をいくつか見ることができる．

　21世紀に入るころから急に注目を浴びた旭山動物園の行動展示は，日本の動物園全体に大きな影響を与えた．旭山動物園長の板東元によれば，「動物の能力，習性行動を引き出し，生き生きとした動物たちを飼育下だから初めて見られるアングルと距離で見てもらう」ことにある．動物の行動や能力を引き出すことについては，すでに動物園関係者の間では課題となっていたが，それを豊かな発想にもとづいて実行したところに旭山の先進性がある．以来，入園者は急増し，その入園料を基盤に施設の改築を行い，それがまた話題になっている．板東のいうように，世界的には「生息地環境」を再構築するという動物園展示の流れとは別に，飼育下であることを強調した展示なのである．入園者の減少に悩まされていた日本の動物園は，旭山の手法に活

図 3.8　アカゲラの採食を見せる行動展示——旭山動物園（さとうあきら撮影）．

路を見出しており，日本の動物園の方向を指し示した結果となった．付け加えておくと，動物の環境エンリッチメントという現代世界の動物園のもう1つのコンセプトと関係している．

　富山ファミリーパークは，その名のとおり地域の住民をメインターゲットにした動物園であるが，園内に残された里山を活用して，そのなかでの生きものをそのまま復活させることをめざした「展示」を行っている．それは，動物園の設計，施工技術から離れて地域の自然へと目を向ける思想にもとづいている．また日本産動物と地域の動物を重視し，地域住民の参加を促し，自然学習と自然観の再生を図っているという意味で特徴的である．

　多摩動物公園は，大都市のなかで豊な森を残した立地条件にある．こうした既存の森と動物との融合を図ったのがオランウータンの展示である．オランウータンが樹間を渡って移動する特性に着目して，行動を見せるとともに，移動先には里山の樹林があって，そこで闊達に動きまわる展示スタイルをとっている．

日本の動物の展示

　西欧型の動物園展示は，ハーゲンベックの革命以後,「生態的展示」を指向してきたが，日本ではハーゲンベックの手法を取り入れる一方，近藤典生のように動物の背景としての景観を生かす展示も行われた．その後，ランドスケープイマージョンが登場して日本にも取り入れられるが，行動を重視した「行動展示」や豊かな地形と植物を活用した展示，里山再生型など地理的条件を利用したいくつかのバリエーションが見られている．日本の展示の特質は，郊外に丘陵地が控えていることによる工夫にあるといってよい．

心理的な障壁

　これまでは来園者と動物の間になんらかの物理的な障壁を設けて，両者を離す方法について見てきた．しかしこれとはまったく別の方法が研究，開発されている．心理柵と呼ばれる方法で，動物行動学や心理学を応用したものである．

　たとえば，鳥類の多くは夜間行動しない．密林を思い浮かべてもらえばよいが，鳥類は視覚を高度に発達させる一方，鳥目といわれるように暗視能力は極端に低い．夜間に林のなかで飛翔するのは，おそらく鳥類にとって死を意味するであろう．こうしたことを利用して，来園者を暗いスペースにおいて，鳥類の飼育環境の明度を上げれば，それは障壁と同様の効果をもたらす．また樹上性の哺乳類にも応用されうる．質的に限定された空間に生きている動物に対しては，心理柵を応用した新しい展示を開発できる可能性がある．このような展示法は究極の方法であるといえるが，餌を与えない，大きい音を出さないなど，多くの場合，来園者の協力を必要とされるのが難点である．

3.2　全体計画と展示の配列

（1）全体計画

　ランドスケープイマージョンの設計思想と手法は，十数年のうちにアメリカの動物園をまったく変えてしまった．一般に動物園の改造は長期的になされることが多いが，これをきわめて短期間のうちに行ったのだ．ランドスケ

ープイマージョンの設計思想は，動物園の全体構造を改変することを要求しているから，こうしたことが可能なのはアメリカならではといえよう．他方，後に述べる財政的事情などによって，日本の動物園は1つの設計思想によって園内の展示全体を変えることはむずかしい．

新しく建設され，開園される動物園を除いては，ほとんどの日本の動物園は全体計画を長期にわたって貫く意思と思想が希薄である．ここ10年間に新しく開園した中規模以上の動物園は，平成11年の横浜ズーラシアといしかわ動物園，加えて平成14年に全面改装した到津の森公園であり，これらがわずかに全体計画にもとづいた展示が行われている例にすぎない．少々乱暴にいえば横浜ズーラシアはランドスケープイマージョンを指向し，いしかわ動物園は多摩動物公園やとべ動物園に近く，到津の森は行動展示型に近いと分類できる．

また統一した設計思想があっても，十数年かけて改築するのでは，改築に着手してから出現した新たな設計思想によって変更を余儀なくされるのが常であり，全体計画どおりに改変されることはまず起きそうにもない．

（2）展示の配列

これまで個別の「動物展示」について述べてきたが，これとは別に，動物種をどのように配列するかについていくつかの方法があり，これらは展示配列と呼ばれる．近代動物園の成立要件の1つに科学性と統一性があったことはすでに述べた．その重要な証しとして「比較」と「統一」がある．昭和40年代の郊外化以降，ほとんどの動物園でこの考え方が取り入れられた．園内をいくつかのゾーンに区分して，それぞれのゾーンの特徴を示しているのだ．

横浜市の動物園に勤務した大坂豊は，5つの大区分と13の小区分に整理して，特徴と長短所を紹介しているので，ここでは簡単に事例と表の見方を紹介しておくことにとどめる．

たとえば，多摩動物公園の配列は，地理学的でアジア，アフリカ，オーストラリアに分けられていてかなり厳密である．いいかえれば，アメリカの動物は存在しないことになる．例外は昆虫園であり，ここだけ分類によって展示されている．課題としては，環境再現型に近いが，植生などは再現してい

表 3.1 展示の分類(大坂による,一部改変)

配列別
分類学的展示
地理学的展示
気候区分別展示(バイオーム展示)
生息場所別展示(ハビタット展示)

課題別
行動学的展示
生態学的展示(狭義)
環境再現型展示
環境一体型展示
形態学的展示(狭義)
注目度優先展示
ほか

ない.飼育動物の構成から見ると,混合展示を一部含む単一種展示である.

旭山動物園でいえば,地理学的であり,ほとんどがユーラシア大陸の動物である.課題としては,行動学的であり動物の構成は単一種展示である.

(3) 展示の改善

動物展示場が完成したといっても,そこで展示にかかわる行為は終了するわけではない.ある動物展示場がすばらしいものであっても,つねになんらかの不完全な要素を持っている.また欠陥,劣化,老朽化は避けられないし,それよりもなによりも展示という性格からしてつねに変えていかねばならない側面を持っている.動物の持っている計り知れないメッセージ力を1つの展示状況では伝えきれない.動物や環境のなにを伝えるかを考慮すれば,動物の展示環境は変えるべきであるともいえよう.展示を変化させねばならないおもな要因はつぎのようなものである.

なにを見せるかを考える

動物の生態や行動には解明されていないことが多い.いやむしろわかっていることが少ないといったほうが適切である.野生動物の野外での研究が進み,これまで不明だったことがしだいに明らかになっており,種の生態や行動だけでなく,個体や群れによっても違いがあるし,野生と飼育下でも異な

る．さらに野生由来の個体と動物園生まれとでも異なる．こうしたなかで新たな知見が加わってきて，そのことを展示のなかで表現する必要も生じてくる．

効果の変化
　動物舎の細部は，なんらかの効果を目的としてつくられる．改善する場合も同様である．しかしねらいはねらいとして，その効果を十分に達成できなければ，不必要なものに化してしまう．それらは動物の成長や馴れなどによっても変わるから，動物舎の設定と動物の関係はつねに動的である．同様に来園者のニーズも変化する．ある時代には共感を得られたものも，時代的要請が変われば不快に思われてしまうかもしれない．

個体が繁殖・成長する
　動物園の展示が博物館などの展示と決定的に異なるのは，展示する対象が生きものであることだ．生物は，繁殖，成長，死亡するなどつねに変化する．また，個体の増減などによっても相互の関係が変化する．

飼育担当者の役割
　動物展示がつねに改善されなければならない状況にあるとすれば，その状況をすぐ目の前で見ている飼育担当者の役割は大きい．もともと動物園における飼育係の業務環境はきわめて特殊なものがある．飼育の現場は動物との緊張関係があることもあって，上司の介在を許さない要素を持っている．上司との関係はおもに報告によって成立しているが，報告には表現できない微妙なケースが多い．展示の「改善」によって予想される現場の感覚は，ときに保守的で，動物の健康や各種の危険など飼育業務全般に与えられる影響，とくに不安が大きいこともある．こうした特殊性を持っているがゆえに，より一層飼育担当者の役割は大きくなる．極端にいえば，担当者が自ら発想して展示改善をしなければ，必要な改善もなされないことがありうるのである．

3.3 飼育

(1) 野生動物の飼育

動物の飼育は，動物の飼育環境，種，群れの構成，他種，個体から飼育担当者との関係まで含めて変動要因が多い．これらを1つ1つ述べることは不可能に近いので，ここでは，動物飼育にかかわる一般的考慮要因を述べるにとどまらざるをえない．

元上野動物園長の中川志郎によれば，動物園における野生動物飼育をつきつめると4つの要素に分けられるという．それは，①風土馴化，②餌，③動物舎，④管理，である．

しかしこれらの各論に入る前に，野生動物を飼育環境に置くという意味や展示するという動物園の大命題に彼らを導くことの意味についてふれておかねばなるまい．動物園の本質は，飼育して見せる，ことにあるからだ．

動物園での飼育は，つねになんらかの代替措置によって成立している．チューリッヒ動物園長であった動物行動学者のヘディガーは，この代替性についてつぎのように述べている．

> 「切り取った自然の基本的な性格は，生物の主要な循環から切り離されているところにある．囚われの条件の下では，この循環を人工的に補うよりほかに方法がない．すなわち，野生動物をとりあつかう際の自然とは，学術的なもっともらしい自然のモデルをつくることにあるのではない．囚われという新しい生活条件の中に動物がいるということを考慮しつつ，自然の適切な代用物を用意することである」

野生の環境が動物の自然環境といってよいかは，開発の進んだ現在にあってはいささか疑問があるが，動物園では完全な野生の再現はありえない，というのだ．すなわち動物園の空間は，自然をなんらかのかたちで代替して，設定されなければならない．

ここで1つ厄介な問題がある．ヘディガーは1940年代から50年代の動物園人であり，50年を経た今日，動物園に野生由来の個体はほとんどいない，

ということである．動物園生まれの動物は，生理的，心理的にも変容していて，このことは代替要因を入れやすくしているが，野生動物の研究成果やモデルをそのまま適用しにくくしている．しかしこれまでのところ野生動物を飼育する基準は，あくまでも自然状態にある動物の環境を代替していく観点からの飼育しか語られていない．少なくとも，体系的に飼育下の動物研究を整理して自然状態のそれと比較研究した研究はほとんど見られない．

（2）馴らす・馴れるとその判断

極寒の地に生息するホッキョクグマやユキヒョウ，オウサマペンギンは，なぜ動物園で暮していけるのか．熱帯雨林にしか生息しないオランウータンは……．かつて野生から動物を捕獲して動物園に持ち込んだ時代にあっては，動物園の所在する土地の気候に馴らし，人や動物舎に馴らすことが第1命題であった．気候に関しては，暖冷房設備が整っていない当時としては，馴化できない動物はそもそも飼育が無理であった．

人への馴れについては，さまざまな努力がなされた．戦争をはさんで上野の飼育課長であった福田三郎は，動物が観客に驚かないようにするための方法について，「人に馴れない動物はまず病室にいれ，落ち着かせる．飼育係は同じ人だから次第に落ち着いていく．次に病室に付属している運動場に放し，よしずを張って人に接近させない」などと事細かにその方法について述べている．温帯は人間にとってもっとも適した気候帯であるから，野生動物は温帯から人によって追い出されたといってもよいのかもしれない．

現代の動物園では，ほとんどの大型哺乳類の繁殖に成功して，動物園の飼育動物の少なくとも80％以上は動物園生まれの個体であり，ここ10年間に限っていえば，野生の個体はゼロに近くなっている．生まれたときから動物園の環境に置かれ，温帯地域で生活しているから，その気候には馴れてしまっているといってもよい．ユキヒョウやホッキョクグマの毛の密度は野生の個体と比べて粗くなっていることなどからも知ることができる．世界の主要な動物園の多くは，温帯域にある．

飼育されている個体のほとんどが動物園生まれになると，馴れの問題はかつてのそれとはいささか様相を異にし始める．

第1に，馴れるといっても限界があり，その限度を考慮しておく必要があ

る．私が欧米の動物園，とくにベルリンやシカゴ，ニューヨークなど冬季にはマイナス20℃にもなることがあたりまえのところに行ったときに，ライオンが暖房つきの室内展示場で飼育されているのに驚かされた．冬季にはさすがに室内展示，すなわち暖房つきの動物舎で展示しなければならないのである．また逆にシンガポールでは，ホッキョクグマを除いてはまったく開放された動物舎であった．その意味では関東以南の温帯の動物園は，温変による制約は少ない．しかしその分だけ，温度への注意力が低下するおそれがあることも注意すべきであろう．都市近郊の動物園における温度問題は，むしろ熱帯夜にあるといってよい．熱帯夜は一日中30℃を超えているから，日中に蓄積された熱を体外に放出する能力を低下させる．動物の持つ体温調節能力の限界を把握することが重要なのである．

このように日本の動物園は，温度管理上は欧米よりも有利な状況にあるが，動物種やこれまでの生育環境，個体などをふまえて新たな馴化を考えるべきだろう．いずれにしろ急激な環境変化を避ける注意が必要なのだ．

第2の問題はいささか厄介である．動物園における自然保護は究極的には，野生で絶滅もしくはその危機にある種や個体群を野生に復帰させることにある．この課題は，動物園での馴化と相矛盾する関係にあるといってよい．動

図3.9 気候に馴化するホッキョクグマ——熊本動物園（さとうあきら撮影）．

物園という種の"箱舟"から，洪水が過ぎ去った後に陸地に戻れるであろうか．先のユキヒョウの例でいえば，体毛の密度が下がった個体を野生に戻せば生きてはいけない．現在進行中のモウコノウマの野生復帰プロジェクトでは，一定数が野生に定着しつつあるとのことであるが，その間多くの個体の犠牲があったことは想像できる．入念なリハビリテーションのうえでの，しかも生活の知恵だけではなく，体の一部まで変えなければならない．

（3）人との関係

動物と人との関係は，2つに大別できる．第1に来園者であり，第2に飼育係である．動物たちと来園者との関係は複雑多岐である．種や個体によって来園者への反応はまったく異なるのだ．

前述のヘディガーは，動物行動学における「逃走距離」「臨界距離」の概念を適用して，来園者と動物との距離をどのように設定するかを考えた．しかし，これが直接適用できるのはおそらく野生由来の個体であろう．動物園生まれの個体には，こうした距離感を気にしなくなっているものが多い．また来園者のほうも，動物に積極的に働きかける行為，たとえば餌を与えるとか，物を投げ入れるとか，を行わなくなると，来園者は動物にとってエトランゼになっていく．そこに人がいてもなにも関係なく，あたかもだれもいないかのようにふるまうようになっていくことがある．これはまさしく馴化であるといえる．

ただし，これには絶対条件として，来園者が動物にかまわないことが必要である．一度餌を投げ入れてしまうと，来園者は動物にとってエトランゼであることをやめ，直接的利害の関与者となるから，話はまったく逆転してしまう．来園者からの餌の投入は，栄養摂取量がコントロール不能となり，肥満や高血圧症などの病気を誘発するばかりでなく，消化不能なものが投入されてそれを食べることで消化不良を起こし，またゴミのもとにもなる．いずれにしろ来園者による餌その他の投入は，動物との関係を混乱させ，動物に人を意識させる大きな要因となってしまう．

飼育係との関係はこれとはまったく異なる．餌を与える，清掃，トレーニング，観察など，あらゆる飼育行為が動物とのなんらかの接点をつくらざるをえない．心理的な問題から飼育係と接触しないことがストレスの原因とも

なりうる．その接点のつくり方は，これまた種や群れ，個体によって多様である．ゴリラやチンパンジーにたまに見られるように，自分をゴリラと認識していない場合や，またまったく逆に，来園者は敵視しないエトランゼなのに，飼育係を見れば逃走，もしくは攻撃してくる場合もある．必要な関係のあり方や程度を認識して対処するしか方法はない．一般的には飼育係との接触は必要最低限にとどめるべきであるが，むしろ逆にトレーニングなどにより交流関係をつくりあげたほうが，環境エンリッチメントになる事例も報告されていて，必ずしも一律に断ずることはできない．

（4）飼料・餌

すべての動物園と飼育関係者は，餌が動物にとってもっとも基本的な必要物であることを理解しており，また人間の栄養学も発達してきているから，餌をめぐる諸問題にも比較的早く着手され，それなりの解決を見ている．発足当初の動物園であれば，食べそうな食糧を与えるなどして経験的な方法で餌を決めていたが，栄養学的な方法を応用して，多様な栄養素を含んだ人工飼料を開発してそれを乗り越え，微量元素も取り込んで栄養的問題を解決してきた．野生由来の個体であれば，動物園の餌に馴らすということも特別な作業として行わなければならなかったが，その心配は別の意味でも解決している．現在では，部分的にではあるがサプリメントなども用いられている．

こうしたことから，餌をめぐる課題は，栄養学の細部にわたる専門的領域に限定されるとともに，心理学的，行動学的な問題に比重が移ってきている．

野生動物の生活時間の多くは採餌行為に費やされる．移動時間も多くは採餌のために移動しているのであり，これらを含めると大半の時間は餌と関連した時間であるといってよい．飼育下においては，餌を探し採食（捕食）する行為は絶対的に制限されている．このため，動物たちの生活時間は野生と比べて大きく変わらざるをえない．そこで登場するのが，探索しにくい，採食しにくい，消化には時間のかかる給餌である．3.5節で述べる環境エンリッチメントに餌が多用され，繊維質や骨質の多い餌の開発が動物心理学，動物行動学を応用して検討される理由なのである．

とはいえ，動物の餌独自の問題がなくなってきているわけではないので，餌の入手，選択，多様性などについて簡単にふれておく．

野生動物には野生と同じ餌を与えるのが最適であるが，動物園動物の多くは外国産であり，その地域，季節など時空間の相違や入手不能性，費用の問題，植物検疫，残虐性などから，代替飼料とならざるをえない．飼料の入手は，人間界の流通経路の一部を利用する．つまり，人の食べるもの，牧畜などの農業に利用されるものは流通業が確立していて，入手は容易だし費用も安い．海獣類やイルカ類の餌などの場合は，漁協と産直契約を結んでいる事例も見られる．問題は人間界で代替のきかないものと，多様性が求められる飼料の入手と費用である．代表的な例では，コアラやパンダがある．コアラは「ユーカリしか食べない」ので有名であるが，ユーカリを日本で一年中安定供給するには栽培する以外の方法はない．輸入するには植物検疫法上の問題があるし，代替する方法も考えられるが，オーストラリアとの合意事項があって，日本国内でのユーカリ供給が義務づけられている．多様性が求められる場合，たとえばゴリラであるが，約50種類の餌が与えられている．もっと種類を増やすべきなのだが，費用の問題ともう１つ飼育管理上の問題が残されている．飼育管理では動物が餌を食べるか否かが健康などのチェックの要素として使われる．毎日食べている餌を食べているのを見て，健康状態の１つの基準にしているが，餌を変えすぎると判断にゆがみを生じることがある．

　つぎに嗜好性がある．動物にも好みがある．それが飼育下によって生じるものか，生得的なものなのかはわからないが，たとえばアシカなどアジを食べさせていると，あるときサバを与えても食べない．何日もサバを与えて餌付けさせようとしても食べないからがまんくらべになるが，そのうち健康が心配になってくる．

　ほとんど飼育経験のない動物の場合，当初は野生で食している餌や近縁種が食べているものを与えるが，それも多くの場合限界があるから，急ぎ代替飼料を見つけ出さなければならない．モグラはミミズなどの地中小動物を食べている．そこでミミズを集めるが，量的に確保するのが困難な場合が多いから，代替飼料を探すなどするが，飼育側はそれを見つけるまで安心できない．

3.4 繁殖

(1) 繁殖の重視

戦前の動物園の目標は飼育動物を長生きさせることにあった．せっかく高い費用を払って動物を手に入れても死んでしまえば，展示上も経営上もよくない．戦後になって獣医・医療全般，餌料・栄養，環境の改善などもあって長寿動物は飛躍的に増加した．しかし繁殖技術は，神戸市王子動物園の園長を務めた山本鎮郎の言葉にあるように，繁殖できればありがたいといった状況にあった．他方，野生動物の生息地環境は悪くなる一方で，動物たちの入手がしだいに困難になってくる．昭和50年代になると，もはや野生から動物を持ち込むことがこれまでのようには許されない状況が認識されるようになる．

新しい課題は，飼育下での繁殖による動物園動物の自給自足である．すでにイギリスでは，1964年（昭和39）に「自己規制同盟」という名の協議体が成立して，飼育動物とくに希少種の入手に制限を加え始めていた．こうして「ズーストック」という考え方はしだいに世界の動物園に普及し始める．

こうした国際的な流れのなかにあって，日本動物園水族館協会は，昭和59年，国内で飼育されている希少種の血統登録に組織的に着手した．それまで一部の園が中心になって登録していたものを，全国で統一して行う事業が開始された．さらに昭和63年には，「種保存委員会」が組織され，体制が整えられていった．こうした活動は，参加各園の理解と協力を必要としたが，とくに希少種の繁殖を成功させるにはいくつかの障壁があった．

それは，第1には繁殖技術の向上と確立であり，これは最大の課題であるとともに，動物園関係者の願いであった．第2には，繁殖可能な環境の形成であり，そのためには既存の動物舎などでは必ずしも十分ではない．第3には，繁殖可能な個体の移動である．国内の動物園で希少になった種，たとえばゴリラの場合だと，野生下では1頭のオスと数頭のメス（＋その子ども）で群れが構成されている．それまで日本の動物園ではオス・メスのペアで飼育されることが多かったから，繁殖可能な個体によって群れを形成するのが望ましい．ところでこれに立ちはだかったのは，各園の所有権の主張と地元

での人気である．動物園どうしの話し合いだけでは解決できない問題になったのだ．日本の動物園は公立のものが多いから，動物たちは公的な財産として登録されている．これを譲渡するとなると財産を移動させることとなり，これは容易ではない．そこで財産権の移動を伴わない貸し借りの方法がとられるようになっていく．これは繁殖のための貸し出し（ブリーディング・ローン）といわれ，現在でも多用されている．しかしともあれ，この段階に進む前に，動物園の合意が必要になることは間違いない．どこの動物園でもそれなりの事情を抱えており，こうした事情をふまえた計画策定が必要で，この役割を果たすのが，前記の種保存委員会および調整者（類別，種別）なのである．

こうした障害を打開するのに寄与したのは，東京都の「ズーストック計画」であった．平成2年，東京都はこの計画を策定したが，それは従来にない画期的なものであった．東京都に所属する4園で，重点的な繁殖動物を定め，それを各園で分担する計画で，重点種の繁殖のために展示種を整理し，加えて飼育空間を広く取るための施設改造も含まれていた．

たとえば，それまで上野と多摩両園で飼育していたゴリラ，チンパンジー，オランウータンを，上野にゴリラ，多摩にチンパンジーとオランウータンを集めて，より広い空間と新しい施設内で最新の繁殖技術を駆使できる環境をつくる計画である．東京都の「ズーストック計画」は，全国の動物園の共同繁殖へ推進力を与える結果となった．これを境に，その趣旨に賛同する動物園が増加し，種の保存委員会の活動も現実的な力を得て進められ始めるようになっていった．

日本の動物園は，それまでの20年間，飼育下での繁殖個体の確保を最大の課題としてきたといっても過言ではない．もともと，飼育下での繁殖は，良好な飼育の証拠であるとされていた．その技術的な結果が繁殖とされていて，それゆえに日本動物園水族館協会では，昭和32年から繁殖賞を設けて，表彰してきた．これは日本で最初に繁殖させた飼育園館を顕彰する制度で，自然（飼育下での）繁殖と人工繁殖とに区分させている．動物園の力量を繁殖に傾注できる精神的条件はある程度そなわっており，加えて野生からは移入できないという条件が加わったこともあって，動物園の方向は定まっていった．また施設を細かく分けて，そこにたくさんの種の動物を展示するとい

図 3.10 繁殖数 150 頭をほこる多摩動物公園のキリン．

う形式への反省もプラスしたといえよう．

（2）繁殖の条件

　繁殖技術の向上は，技術そのものの向上とそれを公開して普遍化することが必要である．

　前者については，家畜繁殖学の応用，野生動物学的知見の向上，飼育係によるストレス，同居している同種（異種）との関係，病気の治療および予防，飼育個体の構成（オス・メス同居のタイミング，群れ，つがい形成，子どもとの分離時期），発情サイクルおよび発情の把握など多様なものをあげることができる．これらの1つ1つを説明することは紙面の都合上できないが，多様な研究による知見の向上と飼育担当者の観察力や技術力などを養っていかねばならない．知見の向上については，研究発表の充実と大学など動物に関する研究機関との協力なども大いに与っている．いずれにしろ動物たちが，どのような条件にすればその繁殖能力を最大限に発揮できるかを"発見"するかが分かれ目になるといえる．

　後者は，1つの園で得た技術を公開することである．それまで，技術は一種の"秘伝"的なものとして隠される傾向が残されていた．繁殖の成功は一

種の個人的技術であって，職人的世界のなかでは隠されることが少なくないが，動物園もある種の職人的世界である．飼育係の世代交代によって飼育係に占める高学歴者の割合が高くなるとともに，日本動物園水族館協会の飼育技術者研究会をはじめとする各種の研究会での職員の交流もさかんとなり，成功事例の発表などによって技術交流は進んでいった．日本動物園水族館雑誌や東京都動物園協会の発行する飼育研究なども大いに力になっている．

こうしてこの20年，繁殖技術は著しい進歩を見せ，多くの種の繁殖技術の確立へと向かっていった．

（3）繁殖技術の具体的過程

冷凍動物園

畜産技術の進歩を受けて，精子や卵母細胞を保存して活用することが，ある程度可能になってきた．日本でもジャイアントパンダなどの人工繁殖に見られるように，オスの精子を採取してメスに授精するなど人工授精は行われていたが，こうして採取した精子，そして最近では卵母細胞を冷凍して長期間保存して，いざというときにそなえるための研究が行われている．

冷凍動物園のメリットは，希少種が飼育下や野生で絶滅の危機におちいったり，減少したりする場合に，体外受精を含めて利用できることにある．また生体での遺伝的多様性の保持は，飼育空間の制限とコスト的にも限界があることから，その負担を緩和できる．

日本では神戸大学の楠比呂志教授らが中心となって，平成5年（1993）に希少動物人工繁殖研究会を設立して，現在まで134種の配偶子を保存している．

発情

哺乳類の多くは，メスの発情によってオスの交尾行動が誘発される．種によって集団，ペア，単独生活をするなどケースは異なるが，とくに単独生活者の場合，雌雄を同居させるタイミングは，発情のピーク時であることが望ましい．また集団で飼育している場合でも，メスの発情によってオスどうしの闘争を引き起こすことがある．どのような場合でもメスの発情を把握することが繁殖成功への第一歩である．

横浜市の動物園を歴任した大坂豊によると，発情の徴候は，
　外的な変化――外陰部，粘膜など．
　行動上の変化――恋鳴き，頻尿，うろつきまわる，飼育係への威嚇．
などが典型例として指摘されている．
　発情を把握することで，その後のもろもろの準備が適切にできる．当然のことではあるが，種の妊娠期間など基本的なことがらも理解しておく．

妊娠――母体管理
　妊娠は動物にとって体内環境の変化をもたらすから，それにふさわしい措置をとらなければならない．必要とされる栄養が平常時とは異なることを想起してもらえばよい．妊娠しているか否かで飼育内容を変えなければならないとしたら，その判断はきわめて重要である．一般には，
　①外的な変化――腹部，乳房，外陰部．
　②発情周期の停止．
　③糞尿中のホルモンの変化（血中ホルモンがもっとも確かである）．
などが判定に用いられる．しかしこうした変化を発見したり，検査したりは必ずできるわけではないから，交尾の確認，採餌状態の変化など行動上の微細な変化を観察によって見分ける目も必要である．
　妊娠していると判断したら，種特有の配慮をする．母体には，栄養学的にも特別な給餌が必要で，たとえばミネラル，濃厚飼料の増減などをあげることができる．

出産およびその準備
　野生での出産はメスが出産場所の確保や必要な条件を選択するが，飼育下ではこうした要求に飼育係が応えなければならない．またメスが他個体との同居が可能か，観客や飼育係などとの関係も考慮しなければならない要件となる．
　藪や穴など安全性の確保，温湿度，床（藁などの緩衝材の供給），給水，清掃の停止，外部との遮断なども考慮すべきである．
　メスを不安におとしいれると，それが引き金となって育児の放棄，子殺しなど最悪の事態になることもある．

新生児

新生児にはつねに危険がつきまとっている．同居個体におそわれる，母親の育児放棄・殺害に始まり，各種の疾病・寄生虫や授乳を確保できないなどが考えられる

そのため，母子の隔離，飼育係が干渉しないなかでの検査（たとえば，人のにおいを残さない）などへの注意，暗視カメラの設置などにより一連の行動や異状の発見のための観察は必要不可欠である．

人工保育

母親の死亡や育児の放棄，新生児の生命の危険などが予想される場合には，やむをえず人工保育に切り替える場合もある．人工保育の技術は複雑であり，ここでくわしく述べることはできないが，基本的な配慮としては，新生児が将来群れなどに復帰できるような措置が必要である．その個体が，人にインプリントされてしまうなど，種としての自己認識ができなくならないよう，その臨界期などを把握して対応することが，人工保育の意義を高めるためにも必要である．

繁殖にかかわる技術的側面からごく要点だけを掲げてきたが，繁殖にはとくに未解明の事柄が多く，これまでの蓄積された知見，観察の充実，新たな発見，柔軟な対応が要求される分野でもある．このようにして得られた一連の知見の集積と結果としての繁殖率の向上は，「繁殖技術が確立した」と呼ばれることがある．

（4）繁殖環境の改善

飼育施設はつねに劣化していくから，動物園は数年に一度はなんらかの改築を行うことが多い．こうした機会は展示の改善の基盤となるだけでなく，繁殖環境を整備する機会でもある．東京都や大阪市のように財政的に比較的恵まれている動物園では，計画的に施設の整備を行い繁殖環境の整備をしているが，そうでない動物園でもこうしたチャンスを繁殖に結びつける努力が行われてきた．先進的な施設を見学して参考にするのは常識であるが，技術交流の活発化ともあいまってこれらは進められた．また横浜市では平成11

図 3.11　展示の工夫と改善——多摩動物公園のレッサーパンダ展示.

年（1999）のズーラシアのオープンとともに，展示動物施設とは別に，繁殖センターを設置して希少動物の繁殖専門の施設を建設している．

福岡市動物園では，平成 8 年（1996）にツシマヤマネコの繁殖施設をつくって，地域内の希少動物を繁殖する試みに成功しているが，同様に多摩動物公園でもニホンコウノトリ，ニホンイヌワシをはじめとして日本の動物を園内で多数繁殖させて，野生種の園内繁殖を大規模に行うことによって希少種の減少に対応している例もある．

このように希少種の繁殖に向けた多様な要請に対して施設面での充実や改築が進められている．

（5）動物の移動との関係

ブリーディング・ローンの方式が普及するにつれて，動物園間の移動はよりスムーズになっていった．また，トレーニングの進歩によって技術的な問題も大幅に改善された．しかし，動物個体の人気に依存して手放さない事例や移籍を勧めても応じないケースが少なくなったわけではない．強制的な力はないからである．また希少動物の国内的なストックは少なく，繁殖に適し

た年齢の個体がほとんどいない種もある．このことは世界的にも同様であって，もはやズーストックの考え方は世界のなかの日本という枠組みぬきには語れなくなっている．たとえ日本国内だけでそれなりの個体群を確保している種であっても，早晩，遺伝的な限界につきあたると考えられる．

　世界の動物園における飼育下の繁殖計画，さらにその下での動物の移動は，欧米の理念・原理的な思想と理論とによって確立されており，したがって構造的ではあるが複雑であり，簡単に述べることはむずかしいが，おおむね3つの集団によって成り立っているといえよう．

WAZA と WZACS

　WAZA（世界動物園水族館協会）は，かつては動物園長の私的なメンバーシップの要素を残していたが，園長の個人の協議体から動物園と水族館の組織の連合体となり，前後して1993年，WZCS（世界動物園保全戦略）を発表した．さらに水族館を加えた2002年にWZACSをバージョンアップして発表している．目標を個体数の確保だけではなく遺伝的多様性の保持に置いて，100年間で90%の多様性を維持することを目標にしている．この内容は，飼育下だけではなく野生における保全も含まれており，さらに施設や政策への関与など包括的であるが，飼育下の種に関して紹介すれば，地域（たとえばヨーロッパ）個体群と大きな個体群を持った動物園，小さな施設を区分して，それぞれの単位で繁殖させるとともに繁殖と遺伝的な多様性の保持のために移動させるもので，ときには野生からの新しい血統導入をも展望したものである．

CBSG（保全繁殖専門家集団）

　動物園の行う繁殖計画を科学的な観点からバックアップし，勧告する集団である．彼らのもとで多くの計画が作成されたが，たとえばPHVAなどは種ごとに飼育下保全の可能性を評価していくシステムで，これを活用することによって，たとえば現在の日本国内でのチンパンジーの行く末などを評価することができ，そのことによって今後の方針や計画に役立てることが可能となる．

血統登録や調整者

WAZA の方針と CBSG の助言を受けて，血統登録者（studbook keeper）が動物の繁殖計画を策定する．1つの種に一人の血統登録者がいて，世界の動物園からの情報をまとめ，血統の分布状態などを把握して移動の管理をする．具体的には，ある動物園がオスのスマトラトラを単独で飼育していたとすると，メスを求めて相談する．スマトラトラは希少種であるから，オスを単独にしておくわけにはいかない．登録者は，その国に対して遺伝的に適切なメス個体を見つけて，供給するように手配するか，もしくはまったく逆にそのオスを適当な園に移動させるように勧告する，というのが本筋である．現実には，その動物園は事前に自力で適当なメスを探して，相手の園と交渉して，合意すれば血統登録者の了解を得て，移動するケースが多い．血統登録者によってスタンスは違うから，実際に起きる結果はさまざまである．また血統登録者は世界のブロックごとにいて，日本の場合は国内血統者を JAZA が指定している．ヨーロッパは全体として EAZA，アメリカは AZA などでブロックを形成している．

こうした3段階の機関によって，世界の希少動物の管理は行われている．

3.5　環境エンリッチメント

（1）環境エンリッチメントの概要

環境エンリッチメントの概念は，古く1920年ごろにはすでに提唱されていたが，これが動物園において体系化されたのは，1980年，アメリカにおいてである．このころ，飼育下における動物の常同行動や過剰なグルーミングによる脱毛，吐き戻しなどが飼育下での異常行動として飼育係や来園者だけではなく，動物福祉団体などによって指摘されていた．1980年代，動物行動学者のマーコウィッツは，メトロワシントン動物園で動物にさまざまな「遊び」をさせることでこうした行動の誘引となっているストレスを軽減させる試みを行った．ついで，シェファードソンが，こうした試みをさらに洗練させ，普及させるために "Shape of Enrichment" を発行したのが1991年である．当初は Environmental Enrichment と呼ばれていたが，今日ではた

んにEnrichmentと呼ばれるまでに全世界の動物園に普及している．

AZA（アメリカ動物園水族館協会）によれば環境エンリッチメント（以下，「エンリッチメント」と呼ぶ）は，「動物の種にふさわしい行動と能力を引き出し，動物福祉を向上させるような方法で動物の環境を構築し，改造する」と定義される．

たとえば，野生では餌を採食する行動に多くの時間を割いているのに，飼育下では採餌行動ができないという事実に着目して，食物を隠して探させるといったものである．シェファードソンは，飼育下に欠けているのが，動物が行動するための生理的な動機である，として動物への動機づけを重視して，そのための飼育環境を整えることに力点を置いている．外敵から逃走，避難などの純粋な外的刺激を除いて，ある動物がなんらかの行動を起こすのは，内的な，つまり生理的な欲求，たとえば空腹になったといったものだが，こうした生理的欲求と外部の刺激，たとえば近くに餌と思われるものがあるといった刺激がつながって，餌を探す行動が発現する．とはいえ，動物たちの野生下での1日の時間配分は食餌を目的とした移動，探索，採食に偏在している．食後の反芻，さらに休息時間も広義には食餌といえるかもしれない．飼育下では餌はそこにあり，しかもこれまでは食べやすい状態にして供されるから，動物たちは短時間で効率的に採食し，その結果，時間をもてあますことになる．エンリッチメントの具体的事例の多くが，採食にからむことになるのはこのせいである．採食へのエンリッチメントの代表的な事例は採食時間を延長させることで，餌を隠す（＝探索行動を増やす，移動時間を長くする），餌を食べにくくする（大きさを変える，粗飼料を多くする）などがもっとも簡単に思いつく．飼育下での時間を費やすためには他に遊び道具を与えることがある．動物たちの興味をひくと思われる遊び・遊具の開発や動きまわる動物に回し車を与えるなどが典型である．

ところで，こうしたエンリッチメントの行為は，動物たちが動いたり，時間を消費したりする結果となれば，無条件によいものと評価されうるものなのだろうか．動物が動き，楽しそうにしていれば，来園者は喜ぶし，飼育係としても楽しく仕事の充実感は満たされる．しかしそれで十分かといえば，そうではなかろう．そこにはなんらかの動物学的基準を設けて評価しなければなるまい．そしてそれは人間の側からの基準というよりも，むしろ動物の

側からの基準であるべきだ．基準としてまず思い浮かべることができるのは，野生における1日もしくは1年の行動の時間配分とその順序である．さらにその背景としての行動学や生理学的な裏づけである．また時間配分だけではなく，行動の内容にも目を向けなければならない．行動の質とは，たとえば代替的行動をあげることができる．多摩動物公園のオランウータンは，クレヨンを与えれば絵を描くし，掃除道具を与えれば雑巾がけなど多様な遊びを行う．これらの行動を野生下でするかといえば，当然しない．しかしだからといって，評価を下げるべきかといえば，それはおそらく違うだろう．野生下の行動とのなんらかの代替的関係がそこにはあると考えられるからである．

　思いついてやってみたら動物が楽しそうにしているので，それでよしとするわけにはいかない．動物学的な裏づけをもってエンリッチメントの行為を評価するか否かが分かれ目になる．ところがこの評価は簡単ではない．まず野生下での行動の全容が解明されている種はほとんどないといってよい．動物種ごとの生理的メカニズムにしても，動物行動学についても同様である．とはいえ現在，それなりに解明されている知見をもとに手探りであってもエンリッチメントをすることは意味があり，それゆえに一層，動物学的評価の役割も大きいのである．エンリッチメントの最大の価値は，じつはわからないことをわからないなりに行って，発展させていくことにあるのかもしれない．

（2）日常行為としての環境エンリッチメント

　それがどのような言葉で表現されようと，エンリッチメントは飼育係にとって日常的な行為であった．動物の飼育状態を動物学的に改善しようとする試みは当然のことであろう．したがってエンリッチメントの特徴は，それを体系化し，目的意識のもとに置いたことにある．これまで動物園内部だけで行われていた飼育行為に，外部からの学問的評価が加わったことも特徴としてあげられる．日本動物園水族館協会は，平成13年（2001），エンリッチメントの実施状況調査を行ったが，そのときの反応は冷ややかなものであった．その後，日本の動物園でエンリッチメントを普及させるのに力があったのは，おそらくNPO法人市民ズーネットが設定したエンリッチメント大賞である．旭山動物園がエンリッチメントによって注目されたのも強い推進力となった．

平成17年（2005）を過ぎるころには，ほぼすべての動物園がなんらかのエンリッチメントを行い，いわば常識になっている．

　では，なぜエンリッチメントが短期的に日本の動物園を席巻することになったのだろうか．まず第1にあげられるのは，日常的飼育行為そのものだということだ．すでに述べたが，飼育業務の特徴の1つに孤独性という要素がある．飼育係は原則として一人で仕事に立ち向かわなければならない．また日常業務は淡々としていて，劇的な発見や変化はまれにしか起きない．そうしたなかで新しいモデルをエンリッチメントの事例は提供してくれた．第2には，動物の生活の質的向上に役立っていると考えられることである．飼育職員は，動物たちが退屈な毎日を過ごしているのを喜んで見ているわけではない．なんとかしなければいけないと考えつつも，具体的な行為を発見するには時間と発想力が必要で，そしてなによりも不安が頭をよぎる．予算の問題もある．こうした問題を「解決」してくれるのが，他園でのエンリッチメントの事例である．第3には，来園者の評判がよいことだ．動物たちはいきいきとしてくるし，退屈そうには見えない．こうしたことが日本の動物園で開花させた要因であろう．日本におけるエンリッチメントが，当初あまり注目されなかったのも，またその後，急速に取り入れられていったのも，それが飼育係の日常的業務との密接な関係があったがゆえである．

　ところでエンリッチメントには，いくつかの誤解や問題がつきまとっている．

　すでに見たように，エンリッチメントは飼育下における動物の福祉の向上を主眼に置いたものであった．日本においては，それがとくに展示効果・アピールの強化としての側面を持って登場した．そのために来園者が喜ぶ方向へと自己目的的につき進んでしまう可能性を秘めている．

　第2には，エンリッチメントが独立した行為ではないということを忘れてしまうことである．それは動物飼育という日常的行為と同一線上にあって，動物飼育を動物の福祉という観点から再編成しようとする試みなのである．動物園に在職したときに，「ここではなにかエンリッチメントをやっていますか」といった類の質問をされたことが何度かある．飼育という行為は，動物に物質的な空間を提供し，心理的にも配慮しながら行われるものであって，1つ1つの行為が独立してエンリッチメント行為であるか否かを判定できる

ものではない，と答えなければならなかった．

　第3には，展示や飼育職員の危険などにかかわることであろう．エンリッチメントと展示の「対立関係」は，藪や樹上，穴などに隠れることの多い動物に起きがちである．夜行性の動物も当然隠れる．動物園は飼育して見せる施設であるから，動物が隠れて見えないのは致命的である．さりとて，隠れ場所を取り払ったり，つくらなかったりするのは動物福祉上，大きな問題を引き起こす．この問題の解決策として用いられるのが餌であるが，給餌の工夫にも自ずと限界がある．そこで考えられるのは心理学的な措置である．隠れ場所を設定しつつ，観客を暗いところに置いて，いわば裏から見せるなどが用いられているが，技術的な困難が多いし，費用的な問題も発生するため，課題は残されている．

　脱出の可能性や飼育係の危険性の増加も，エンリッチメントとの対立をもたらす要因である．展示内になんらかのものを持ち込むのは，そのものによって新たな行動のきっかけをつくりだすことに他ならず，動物の脱出もそのうちの1つである．また，飼育担当（係）は動物の寝部屋から展示場への出し入れの際に動物の位置を確認する必要があるため，隠れ場を多用するとそれだけ危険が増すことになる．

（3）環境エンリッチメントの要素

　エンリッチメントの事例はきわめて多様であって，ここで多くを紹介することは困難であるが，具体的に考えるにあたっていくつか代表的な視点を列挙してみる．

餌

　餌を与える際の工夫はもっとも多く見られるし，採餌は動物にとってもっとも関心の高い行為である．

　フィーダー：なんらかの道具に入れて，給餌することで食べにくくすること，動物が自ら工夫して食べることを追求する．

　隠す：フィーダーと同様の役割を持つか，おもに探索行動を発現する．

　骨，粗飼料：食べることや消化するのに時間をかけさせる．

遊び道具

給餌についでよく見られる行為である．動物行動学的観点から見て，野生下の行為を代替する．また自ら新しい行動を行うよう誘引する場合もある．

動物の行動の再現への誘導

山，崖，木の上に登る，手や爪を器用に使う，舌を使う，穴を掘る，ジャンプする，鼻を使う，動きまわる，走りまわる，などなど，野生下で見られる行動が再現できるセッティングをすることである．動物の行動や特徴を見せるという展示上の観点もあって多用されている．種特異的であるといえる．

利用空間の増大

塔，やぐら，ロープなどを利用して，ともすれば平面的な施設になりがちな動物舎に，立体的な空間をつくりだす．とくに樹上生活する動物には有効である．崖地に住む動物には壁面や台も利用できる．その他，穴居生活者には人工トンネルなど心理学的な方法もある．

音とにおい

他種または同種の出す音，残したにおい，糞などを利用して，生活環境に変化をつける．

社会生活

群れで生活する動物は，できるだけ野生での群れ構成に近づけるのがよい．ペアによる飼育は，多くの場合，誤解と擬人化の産物である．

社会生活の再現には，いくつかの問題がある．まず施設の大きさ，既存の群れへの新規個体の導入，個体間の折り合い，雌雄の数が野生群と合わないこと，すなわち群れの多くはオスが単独であるかまたは少数であること，個体の健康状態などの把握がより困難になることなどであり，なかでも施設上の問題は解決がむずかしい．群れは季節によって変動することがあるので，複眼的な視野を持って臨まなければならない．

他方，単独生活が望ましい場合もある．オスゾウは，群れから離れると単独生活を始めるが，飼育下では施設上の問題，その時期の見極めなど難問が

図 3.12 オランウータンのエンリッチメント——多摩動物公園飛び地(さとうあきら撮影).

残される.

　動物飼育とエンリッチメントには，万全や完成はないといってよい．明確な解答が見つかっていないというよりは，むしろそもそも解答があるか否かが不明な領域であると考えるべきである．そこで大切なのは，つねによりよい状態と考える方向へと改善していく姿勢と努力なのではあるまいか．そこで問われているのは改善する意欲である．

　また，これまで展示場におけるエンリッチメントについて述べてきたが，夜間収容される寝部屋でのエンリッチメントもまったく同様なのである．寝部屋のそれは，外部の評価の行き届かないこともあって，これまでやや軽視される向きがあった．寝部屋での飼育環境の向上は，これからの大きな課題となっている．

（4）トレーニング

　動物園での訓練は，動物芸とゾウの馴致を目的として始まった．動物芸を見せることは動物園での必須の催しであり，そのための組織も設置されていた．昭和50年代に入って，動物愛護の観点から，しだいに行われなくなり，

現在ではゾウを除いて民間動物園が営業成績を上げるために行うにとどまっている．

　その後，訓練は動物の治療や移動など動物飼育員で必要なことを行うことに限定されて容認され，続けられてきた．とくにゾウは，タイやインドなどアジア諸国で労役に使われているために，文化的要素も加わって，訓練，調教されて輸入されていることが多かったから，その習慣を引き継いで日本でも訓練が続けられていた．

　近年，エンリッチメントの観点からのトレーニングが見直されてきている．オペラントの条件づけという手法は，すでに1950年代，スイスのヘディガーが強く主張して行ってきたが，イルカやゾウの調教にきわめて効果的である実績をふまえ，比較的容易にできることから急速に普及しつつある．

　トレーニングが見直されてきたのは，オペラントの条件づけを応用した「ターゲットトレーニング」と一般にもいわれるトレーニング手法と関係がある．従来の訓練は，罰による強制の伴う手法であり，来園者が見ても必ずしも好感の持てるものではなかった．また，動物に尊厳の念を思い描くものとも無縁であった．オペラントの条件づけは，動物の自発的な行動に依存している．強制やしかることをしないことによって成立している．トレーニングによって肉体的にも精神的にも傷つくことはない．

　さらにエンリッチメントの観点からは，動物の心理的な福祉にも寄与できることが明らかになってきた．

　飼育下の動物たちは，飼育下に置かれるまさにそのことによって，人との恒常的な関係をとり結ばざるをえない．飼育係と動物との関係は複雑である．多くの動物は，捕獲，保定，治療行為の過程で，人間への恐怖，不信感を抱いている可能性がある．こうした動物の記憶は，早期に払拭しておかなければならない．と同時に，とくに単独で，もしくは少数で飼育される場合は，人との関係は心理的な面でもエンリッチメントになりうることがわかってきた．退屈で刺激のない生活のなかにあって，飼育係への恐怖や警戒を取り除いてしまえば，檻やガラス越しではあっても，心理的な交流によってより豊かにできるのだ．

　これらのことは，トレーニングやエンリッチメントが逆説的な意味を持っていることを示している．野生状態の主要な要素を再現して，動物たちの欲

求をより満足させることがエンリッチメントの本質であった．群れでの生活や行動への欲求を満足させることは，人間の干渉を動物たちに意識させないことを意味する．しかし反面，飼育係との交流が動物たちの生活を充実させることもある．

トレーニングのパラドクスがあるにせよ，その効果は明らかである．つぎにトレーニングのおもな効果について簡単にふれておこう．

診療・治療

これまでは，大型・中型動物を保定するか麻酔をかけるかしなければ，触診や治療はできなかった．そのため，ほとんどの獣医師や飼育係は動物たちから見れば邪魔者で，苦痛と結びついていた．また麻酔はつねに動物たちの命の危険を伴う．トレーニングによって動物が自ら患部をさしだすようになれば，動物たちの健康上，きわめて有益であり，心理的な交流にも進むことができる．

移動

移動は動物たちにとってストレスである．移動檻に収容するのは，飼育係にとって一大事でもあった．一般に未知の場所へ，この場合は移動檻や新しい飼育場に行くのを嫌う．輸送が動物たちにとってストレスをもたらすものではあっても，それを緩和するのに役立つ．また続けさせることへの困難の多くを解消することにもなる．

飼育全般での効果

他にも人工授精や採精をはじめとして体重測定，採尿，採血など日常的，非日常的飼育管理を容易にする．

緊張感の軽減

飼育行為の技術的な貢献だけではなく，飼育係との緊張感を和らげることができるとすれば，この効果がもっとも高いと思われる．もっとも近くに存在する人間である飼育係との緊張感は，動物たちにとって有形無形の影響を与えていたと考えられるからである．

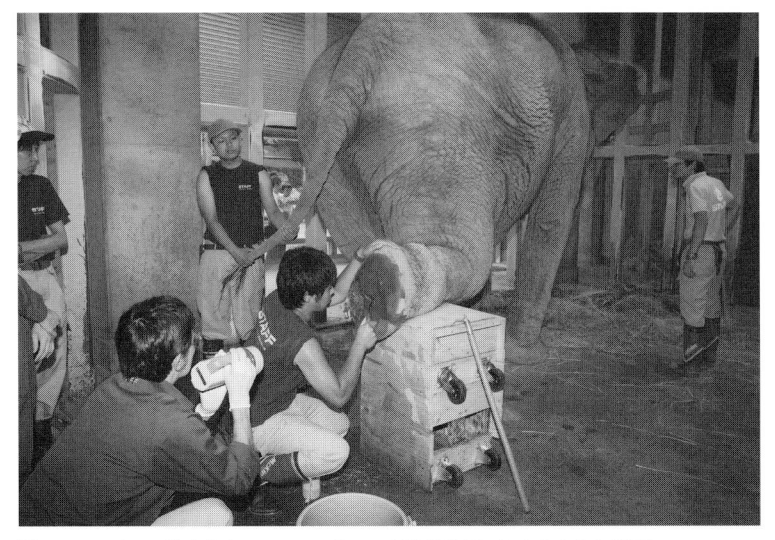

図 3.13 ゾウの治療とトレーニング——上野動物園（さとうあきら撮影）.

解説・教育との関係

動物園での教育活動は，実際に生きた動物がそこにいることによって成立している．来園者はまさに生きた動物を見るためにきている．トレーニングされ，目の前に持ってくることができる個体がいれば，動物からのメッセージは飛躍的に増加する．

（5）再び動物芸について

このように考えてみると，教育と芸は紙一重の位置に置かれている．この間の差は，動物をトリックスター（おどけもの）として扱うこと，動物への尊厳をどのように考えるかにある．日本の有力な，とくに公立系の動物園では，動物にトレーニングして芸をさせているところはほとんどなくなった．水族館では，イルカ類を調教すれば，それはすなわち芸を意味している．その場合，イルカの能力を見せ，体の構造を見せ，ふれあい，イルカの親人関係と頭脳の高さを教え，彼らをトリックスターとして扱わない，と主張している．少なくとも水族館と同様の前提で動物の「芸」を見せることが，動物園で「芸」を見せる最低の条件になるであろう．使用する個体も，本来の社

会構成，たとえば群れ，ペアなどで飼育することが困難な個体に限定されるべきである．また，野生由来の個体ではないことも条件となるであろう．ここまで述べてきた論理のなかには，いくつも落とし穴や誘惑があって，そうしたものにおちいらない論理と倫理も求められる．

第4章　教育・普及・研究

4.1　動物園での教育の意味

　動物園での教育といえば，なにか特別な活動ととられがちであるが，歴史的に見ると動物園は教育を基本にしてつくられてきた．戦後になって「子ども動物園」型の動物園がつくられ，そこで動物とのふれあいに適した「情操」教育が行われ，また最近では地域環境問題の深刻さもあって環境教育が宣伝され，その中心目的は「動物に関する教育」であることが，やや後景に退いてきた傾向にある．多様な動物を野生から持ち込んで，その動物を見せるメディア性こそがそもそも動物園教育の始まりなのだ．そこでの教育の題材は，なによりもまず動物そのものなのである．

（1）メディアとしての動物園

動物の持つメディア性

　野生動物は動物園以外ではほとんど見ることのない形態，大きさ，色，行動を伴った生きた存在として現れる．未知の動物との遭遇は驚きや不思議さ，そしてさまざまな感情をもたらす．また世界には多様な動物が存在することをあらためて実感できる．

　動物園は野生と都市との動物を介在させてつなぐメディアである．政治学者の渡辺守雄は動物園のメディア性には2つの傾向があり，「第1に動物それ自体に付与された仲介者としての機能であり，第2に動物園という空間の形成がもつ媒介の機能である」と述べているが，後者については第2章でふれた．

動物の背後にあるもの

多様な特徴を持った動物たちを見ることによって得られるものにはどのようなことがありうるだろうか．そして，動物たちはなにを示唆しているのであろうか．

①種の多様性

比較的容易に得られる認識としては，多様性がある．ともかく，世の中にはさまざまな動物がいるのだ，ということだ．これらの知識の一部は図鑑や映像などによっても得ることはできるが，生きた動物を見られるというのが動物園の特徴である．たとえば，ゾウの体重が4トンだといわれてもなかなかその大きさを想像できないだろう．

②生息地の環境

展示されている動物が，山林，平原，水辺など，どのような生息地に住んでいるかを想像，認識することができる．また樹上，地上，水生，地下など生活場所についても同様である．展示の方法がよければ，さらに詳細な環境もわかる．給餌によって，その動物の食性，同居している他種とのすみわけ，食べわけも理解できるかもしれない．

③形態と生物物理

動物たちの外形は比較的単純な物理的法則を示してくれる．動物たちは環境に適応し，より効率的に生きるべく淘汰されてきたから，そうした結果が現在の体型に表現されている．これはまた動物という生命体の総合的な科学的理解を育むことに道を開いてくれる．

④進化

現存する動物はすべてこれまでの進化の結果であり，それは種の全体から頭，目，鼻などの部分のすべてに表現されている．このことは多様な種，とくに近縁種の比較によって鮮明になりうる．

⑤雌雄・個体・個性

種によっては性により外型，大きさが違う性的二型が見られる．また個体の外型はもとより行動，性質にも大きな違いがある．とくに群れで飼育されている種にあっては，外型などにより個体の識別を行いながら，個性や個体間の相互関係など動物の社会関係を理解できる．

図 4.1 写真や映像ではわからないゾウ（上）とトガリネズミ（下）の大きさ——多摩動物公園（さとうあきら撮影）．

⑥イメージのふくらみ

　これらの知識だけではなく，動物によってさまざまな想像力を誘発するのが，最大の特徴でもある．

博物館と動物園

　上野動物園の設置目的が「智識の涵養」にあったことはすでに述べた．そ

の後，明治から大正にかけて，帝室博物館の野外展示施設として，動物をたんなる見世物として見せることをつねに避けようと意識して運営されている．都市には必ず見世物小屋があり，それとの差別化が図られてきている．第2番目に設立された京都市紀念動物園も同様である．

しかし，こうした努力が成功したか否かについてはいささか疑問がある．上部機関としての博物館は，自然史系を排除するとともに，上野動物園の収入を有力な財源としてきた傾向がある．施設への投資は，この時代はほとんど行われていない．より決定的なことは教育活動を推進すべき人材に欠けていたことであろう．さらにいえば，明治大正年間には，野生動物に対するごく初歩的な知識ですら理解している学者が少なかった．野生動物の研究は，畜産，獣医，水産，養蚕，昆虫（農林業の保護のための害虫研究）を除いては，学問の対象とされていなかったのだ．こうした分野の研究を行った人たちは，「殿様生物学者」といわれる黒田長禮をはじめとする殿様・貴族であり，日本野鳥の会を創始した中西悟堂，「動物文学」を発行した平岩米吉など職業的動物学研究者ではないディレッタントと呼ぶべき人たちである．そして，上野動物園に残されていたのは，見世物にはさせないという矜持であったといえよう．

ラベルの表記

教育活動はラベルの表記から始まるといわれる．動物舎の前にある種名などを記載したあのラベルである．ラベルには通常，種名（英名，学名），分類，生息地，特徴などが記載されている．これらが正確に記載されていることが，動物に関する最低限の情報や動物界の多様性を伝達することになり，同時に動物園サイドの動物学的資質を問われている．

明治時代，上野や京都の運営者が見世物と自らを区別する最大の指標はここにあったと思われる．当時のラベルは残されていないが，明治35年に発行された「上野動物園案内」には，和名，英名，学名と簡単な種の説明が記載されている．さらにさかのぼって，明治22年，後に東京高等師範教授となる高嶺秀夫が博物館天産部長になったのは，博物館を含めて動物の分類名などを正確に表記するのが1つの目的だったと思われる．明治38年に発行された京都市紀念動物園の案内書にも，和名，英名，分類と動物種の説明が

146　第4章　教育・普及・研究

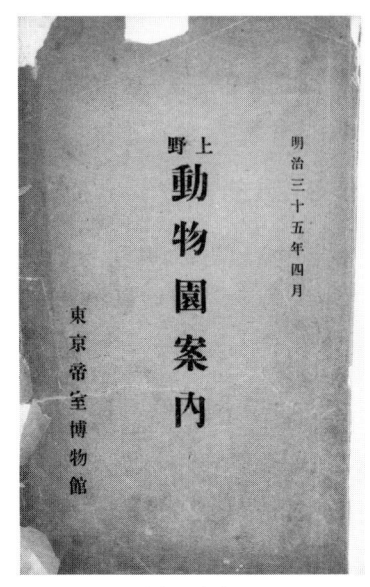

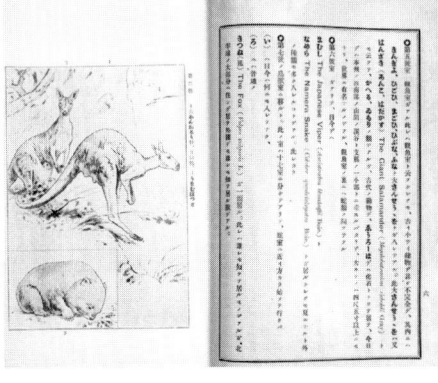

図4.2　上野動物園案内（東京動物園協会所蔵）.

記載されている．

（2）動物園での教育の特質

動物園には他の施設とは異なった教育上の特質があり，これが動物園という施設を普及させた理由ともなっている．

楽しさ

動物園の来園者の多くは，動物のことを学ぶために来園するわけではない．彼らはピクニックや1日のレクリエーション，子どものため，友人たちと楽しい時間を過ごすためにやってくる．楽しさがなければ，おそらく動物園は成立しない．このことは教育施設としての動物園をめぐるパラドクスでもあるが，同時に動物のおもしろさをごく自然につかみとれる基盤でもある．自然を守るためには，そこに人間が入り込まないほうがよいといえるのだが，人は見えないもの，知らないことに共感を覚えない．いいかえれば，都市に野生動物を持ち込んで，動物園という施設で見なければ，野生動物への共感

は乏しくなる．楽しさと教育も同様の関係にあり，動物園は二重の意味で矛盾的な存在であるともいえるが，それは人間と自然の関係における矛盾構造を表現しているのに他ならない．

動物に注目する

現代日本人は，都市の上空を飛びまわっている見知らぬ鳥類やコウモリに注意を向けなくなっている．多様な昆虫についても同様である．動物が身近にいなくなったことよりも，むしろそれを見る目を失ってしまったといったほうが正しい．動物園では珍しい動物に注目せざるをえない．なにしろそこは見にいくところだからだ．生きた動物に注目する場所として観察する目を養いうる数少ない施設である．

対象が生きて，動くこと

自然に対する実体感が薄れていっている今日，現実に生きて行動している動物を見ることができる．展示している動物が生きていることの優位性は，第1に，動物たちの持つある種の迫力である．そしてそれは人にさまざまな感情と共感をもたらすことができる．テレビでライオンの顔を見て恐いと思う人は少ないだろうが，目の前で咆哮するライオンには圧倒的な迫力を感じ

図 4.3 咆哮するライオン——豊橋のんほいパーク（さとうあきら撮影）．

させられる．生きている動物の存在は，さまざまな感情を呼び起こす．威圧感，美しさ，かわいらしさから生きものの尊厳に至るまで．こうして引き起こされた感情は，その動物への興味と結びついていく．知識の対象としての動物から，興味の対象へと昇華していく可能性を生(なま)ものは持っている．第2には，動物たちの行動は予測ができないことである．私は動物園に入ったばかりのころに，動物の行動を予測して，ことごとく外れたことがある．「行動展示」のおもしろさは，動物がある種の行動をすると期待して，そのとおりにはなるのだろうが，そこになにかしら予測や期待を超えたものを見ることができることにあるだろう．見れば見るほど意外性が見えてくるのが生きものなのである．

（3）動物そのものから発される情報と観察のポイント

動物から出されている情報について，観察のポイントを少し具体的にあげてみればわかりやすくなる．これらを他の動物や私たち人間と比べることによって多くのものが見えてくる．そしてまた多くの疑問があり，そのうえで発見がある．以下に簡単な事例をあげておくが，種や類縁種によって多様な形態や特徴を加えることができる．

①外部器官

目：目の位置→両眼視か片眼視か＝目が両側に離れているか否か．
　　白目→白目があるか．
　　光を反射するか→フラッシュを使ってカメラで撮る．
鼻：長さ→長いのはゾウだけだろうか．
　　大きさ→鼻の発達，鼻の役割．
口：口のかたち→とがっている，口先がまるい，大きい（幅が広い）→食性．
嘴：形態と食性との関係．
歯：剣歯（牙）があるか→骨格標本などの活用．
首：くびれているか，首の長い動物はキリンだけか．
耳：大きさ，かたち→大きさやかたちが違うのは，なにと関係しているか．
　　鳥の耳はどこにあるか，動物の耳は動くか，耳殻と外耳孔．
角：かたちの違い→雄雌では同じか，落角するか，毛が生えているか．

図 4.4 長く伸びたバクの鼻——遊亀公園動物園（さとうあきら撮影）．

毛：長さ→ふさふさしているか，短いか．
　　紋様→紋様はなにに役立つか．
羽：色，模様→雌雄で同じか，色が派手な鳥はどういうところに住んでいるか．
脚：脚のかたち→ひざはどこにあるのか．
　　太さ→細いか太いか．
蹄と指：何本あるか，鳥の指は哺乳類と同じか．
尾：大きさ，長さ，かたち→どうしてこんなに違うのか．
　　動き→なにの役に立つのか，いつも動かしているわけ，ニホンザルの短い尾．
②全体
大きさ：体の大きさと動き，大きさと毛．
紋様・色：地味，派手，縞など→色を区別しているか，住んでいる場所．

図 4.5 魚をすくい取るペリカンの嘴——多摩動物公園（さとうあきら撮影）．

③その他

行動：社会的行動，探索，採食，注目・避難，遊びなど．

子育て：子どもの数，親と子の状態・距離．

性的二型：雌雄の区別はあるか，大きさや体色の違いはなぜ生じるか．

糞・におい：糞のかたちや硬さ，消化度，においの強さ．

進化：形態の相同性と分類上の遠近．

声：なにを表現しているのか．

個性：観察を容易にするために，個体に着目して見ていくことにより，個体間の関係などを理解できる．また，興味を深めることもできる．

（4）動物園教育の着地点

楽しさと引き起こされる感情，そして共感を出発点として動物園でなにを学びうるのだろうか．来園者がなんらかの媒介なしに行いうるのは，よく見ること，つまり観察することである．さらにそこから他の動物や個体と比較して，相違点や同一性を見出すことができる．また多くの疑問点や不思議さも感じ取ることができよう．ここでヒントになるのは，動物の形態や行動である．形態や行動は比較の対象にもなりうるし，相互の関係を想像すること

もできる．この場合，得られた仮説がたとえ誤っていたとしても，それはさほど問題ではないように思われる．むしろこうしたなかからある種の「発見」を導き出す，もしくはそれを導き出す過程のほうが重要であろう．さらにヒントとなるのはわれわれ人間である．人間との比較は安易な擬人化におちいりやすいが，そもそもわれわれは自身との比較ぬきにしては他者を考えられないのであるから，人間との比較はまったく否定することはできない．私自身もいくつもの「発見」もどきを導き出したことがあるが，自分自身で見出した「事実」はまことに印象深いものがある．動物園の教育の目標は，動物の不思議さや奥深さを観察することを通じて実感していくことにあり，そのことが世界への理解や共感へと深まっていくことにある．またそうした理解への手段として，個体に注目して観察してみるのも有効な手段である．

動物園での教育は閉じられた知識を得ることではなく，無限の情報を持った動物という存在への開かれた知の系であるといえる．

（5）教育の組織

教育を中心的な課題とした組織を置いている園はそれほど多くない．昭和34年に日本モンキーセンターが発足したが，このとき学芸部を設定して，教育と研究活動を開始したのが最初である．ついで上野動物園と多摩動物公園に，普及指導係ができたのが昭和48年である．その後，平成に入って教育活動への関心が高まり，現在では組織として14園，専任の担当を置いているのが10園を数えている．日本動物園水族館協会でもこうした状況に対応して，平成13年には教育事業推進委員会を発足させ，教育活動を後押ししている．

（6）環境教育との関係

「動物園の教育は，環境教育でなければいけない」とか「動物園でも環境教育を行わなければいけない」といった意見を聞くことがある．同様に「生命（いのち）の大切さを教えるのが動物園だ」という意見もある．また教育対象や教育内容によって，生涯教育と名づけられ，教育が氾濫してしまっていて，こうした動物園へのさまざまな要求に対して，現場はいささか混乱気味であるようだ．

動物園での教育活動は,「動物」への理解を基本にしている.「自然環境が破壊されている」「種の多様性が失われている」「里山が失われつつある」といった環境教育のテーマは, メインテーマである「動物を理解」することから展開したテーマであろう. 動物への理解から展開していく他の例としては,「生命（いのち）の教育」や「世界観や動物観」にまで展開していくこともできよう. 動物理解は, こうした諸々の展開への基盤形式としても位置づけられよう.

他方,「生涯学習」や「学校教育との連携」などは, 教育活動の相手＝対象を問題にした分類なのであって, 前記の内容にかかわるものとは切り口がまったく異なる. 学校教育は理科教育に限定されないから, 内容が動物学であるかそれ以外であるかの区別立てをしておくことが必要であろう.

とはいえ, 環境教育への要請は多く, これは多分に学校において「総合的学習の時間」が設定され, そのテーマに「環境」が事例として掲げられていることと関係している. また動物園動物には, 絶滅危惧種が多く, 種の保全活動を積極的に行っていることから, こうした需要に対応できる状況にあることも環境教育のフィットネスのよさがあるといえよう. ただし, 希少動物→自然環境の破壊→生息地の減少とその回復, という一連の認識過程はきわめて理解しやすいが, 安直さのそしりを免れないとともに, 動物園内では自己完結しにくいことも指摘しておかねばならない. 安佐動物公園で, この30年間行っているオオサンショウウオの園内外での保護活動や富山市ファミリーパークの里山再生の活動などは, 園内で環境問題を自己完結させる努力をしており, 注目に値すべきである. 昨今, このような観点から, 動物園のある「地域」の動物と自然環境が再認識されており, 環境教育の展開に大きな可能性を提示している.

4.2 教育の補助手段

自分で発見することを目標にしても, ただ漫然と見せるのでは発見は容易でない. どのようにして達成するかはやはり困難で重い. それを助けるためにあるのが, 補助的な方法であり, じつはこれが一般的に「教育」といわれてきたものである.

（1）誘導——教えたいことへの誘導

展示

第3章で述べた展示の新しい方法であるパノラマ型展示，ランドスケープイマージョンは，別の観点から見れば教育の手段であり，動物たちの生息地や環境を演出して，そこへと誘導している．各地にサバンナ，熱帯雨林，山岳などを模した展示が見られるが，こうした展示もまた教育活動と結びついている．

ストーリーによる誘導

展示の流れにストーリーをつくり，物語の結論へと誘導する方法で，アメリカ型の展示に見られる方法である．また，園内をトレーラーなどでまわるときに多用される．「絶滅の危機にある野生動物」など環境問題へと誘導するときによく使われるが，来園者の発見への道筋を制限してしまうきらいがある．

（2）文字情報の提供

ラベル

動物に関する知的情報は，第1にラベルによって提供される．動物舎の前面に，種名（英名，学名），分類，生息地（地名，環境），食性，特徴などが記載されているのが一般的である．来園者はラベルをあまり読まないといわれることがあるが，私の調査によれば，種によって差があり，平均すると約25％の人がラベルを読んでいる．これを多いとするか否とするかは判断の分かれるところであるが，相当の効果があることは間違いない．最近では，個体の情報，生息地の減少，ワンポイント情報など多様化して，それぞれに工夫がなされている．英語，中国語，韓国語など旅行者に対応するラベルも増えているが，来園者の需要と多数のラベルの列挙による煩雑さの増大とは，相反する関係になっており，いずれを選択するかは各園の姿勢と判断によるだろう．ラベルは最低限の情報であって，それゆえに視点の誘導は行われていない．またもっとも即時的な情報である．

図 4.6 ラベルの例——多摩動物公園（さとうあきら撮影）.

説明板・音声ガイド・バーコード

これらは園内で得られる情報で，ラベルについで即時的である．多様な情報が盛り込まれていることもあり，動物観察にとっては誘導的な情報である．それゆえに，観察の方法を限定しているともいえる．動物園側の知ってもらいたいという熱意の表れでもある．

リーフレット（パンフレット）・ガイドブック・機関紙（機関誌）・ブックレット

ていねいな観察に役立つとともに，園で得られた情報，発見などを帰宅してからも追認できる情報である．

（3）人による教育（フェイス・ツー・フェイス）

昭和 49 年に東京動物園ボランティアーズが発足して，園内での解説などの活動を始めた．それまで，イベントや講演をはじめとして散発的な活動は行われていたが，組織的定期的に解説が行われたのがボランティアだったのは，日本の動物園の特徴であるといってもよい．昭和 62 年に，東京動物園協会に「動物解説員」が設置され，並行して全国の動物園に解説を行うボランティアができ始めて定着している．その後，平成に入って，飼育係が動物舎の前で解説をする「スポットガイド」が急速に普及して，現在では動物園

図 4.7 スポットガイドに立つ飼育係——千葉市動物公園（さとうあきら撮影）．

での解説はごくあたりまえの事業になっている．

　フェイス・ツー・フェイスの教育は，情報伝達するうえできわめて効果的であるが，動物園のように多くの来園者が訪れるところでは，数的な限界があるので，ボランティアによってこれに対応することが可能になる．ただしこの方法にはいくつかの問題点もある．まず第1に，解説者（ボランティアなどを含む）が教えたがることであり，第2には，来園者の「うけ」をねらいがちになることだ．動物園での教育は，ともすればたんなるエピソードとして完結しがちであるが，フェイス・ツー・フェイスの教育はそれを避けうる数少ないチャンスでもある．

（4）プログラミング——教育を計画する（時間をかけた教育）

　短時間の接点しかないと，どうしてもその場に合わせた教育方法をとりがちになる．対象が一般来園者であれば，年齢層も要望も異なるために，その状況に合わせなければならないからである．そこで考えられるのは，特定の人たちを対象に比較的長時間かけて行う体験学習や〇〇教室である．条件を定めて事前募集をして集まってもらうわけだが，ここで使われるのがプログラムの考え方である．

プログラムをつくるにあたり，いくつかの要素を検討しておかねばならない．環境教育の実践者である小河原孝生によれば，学習者の要求度（楽しい体験，動物への興味を持つ，知識を持つ，評価効力を持つ）とそれに応じたプログラムの目的の設定，そして学習のフェーズ（感性，知識，価値，参加）である．動物園においては，対象が子どもの場合が多いので，子どもの発達諸段階に応じてプログラムをつくることを加えておく必要がある．いいかえれば対象に応じて達成目標を設定して，そこに導くためのプログラムづくりが必要になる．

教育学者の無藤隆は生きものと子どもの発達的段階を4つに大別したうえで，年齢に必要なポイントをつぎのようにあげている．それを下記に簡単にまとめておく．

①幼児期（5歳以上）：動きや大きさなどの意外性，人間であって人間でない存在，個性．
②小学校低学年：個別の動物から「生きもののくらし」へ，それを探すこと．
③小学校3年生あたり：生きものと自分の比較，自分自身への理解．
④中学生，思春期：人間の生物性との葛藤．

さらに無藤は，「学びのモード」として「入り込む」「見る」「想像する」の3つを掲げ，プログラムのなかでそれぞれのモードをどのように使いこなしていくかを，動物園自身が理解しておくべきだと鋭い指摘をして，私には「現場でどのようにやるかは自分で考えてみてください」と語った．

対象を限定した教育活動にはプログラミングは重要であり，その成否が学習効果に直結している．プログラミングは学習状況の設定であり，学習結果への誘導でもある．上記の諸点をチェックポイントとしながら具体的なプログラムを作成することが，動物園教育の課題であろう．

しかし，ここで1つだけ注意しておかなければならないことがある．動物園での教育の中心には，そこでの「発見」があることだ．教育する側が，さまざまな「投げかけ」をするとしても，それは「解答」を出すことだけが目的なのではない．教育者側からの安易な解答は，1つの知識によって閉じ込められ，収束してしまう．1つのことがわかることが，つぎの理解の道を閉じてしまってはならないのであり，教育する側の「知識を教えすぎない」と

いうがまんも必要なのである．

4.3　学校との関係

（1）学校と動物園の関係が変わる

　一般には動物園と学校とは密接な関係にあると思われるが，学習に関してはじつはそうではなかった．学校で動物園を利用する場合の多くは遠足であり，遠足は学校にとってクラスのまとまりをつくり，気分転換を図るのをおもな目的にしてきたから，動物園は学習する場として位置づけられてきたわけではない．学校側からすると，動物園利用のむずかしさはつぎのような特徴を持っていた．

①理科——生物の教科では，昆虫や魚は教材となるが，動物園特有の外国産哺乳類や鳥類は題材になりにくい．なぜならば，これらの動物は地域に全国普遍的にいるものではなく，また動物園もどこにでもある施設ではないからである．
②学校から児童を外に連れ出すのは，危険や費用が伴い，教員の責任問題などもあり，簡単にはできない．
③遠足は春季に多く，これには動物園が使われるが，遠足の主目的はクラスをまとめることにあり，グループごとの自由行動が優先される．
④野生動物を観察するなどの行為は，それなりの素養が必要であるが，全教科の教員がそれにふさわしい十分な訓練を受けているわけではない．
⑤動物園のほとんどは教育委員会に所属していない．

　しかし，平成10年を前後して学校周辺の動きが変わり始めた．平成13年度から新しく「総合的学習の時間」の導入が予定され，その試行期間に入っていった．この教科は，環境問題や学校外の社会的問題なども取り上げて運営されることが定められ，校外に積極的に出ていくことがあたりまえになっていく状況がつくりだされていく．

　加えて，週5日制（週休2日制）は，動物園と学校を近づける第2の転換点であった．それまで教員は土曜日出勤して，夏休みにその代わりの休みをとっていたが，その休日振り替えがなくなり，夏休みに出勤せざるをえず，

その時間が研修に向けられた．そのため，教育委員会は研修ネタを探すことに苦労するようになった．また，授業時間が短縮されたために校外授業など学校行事の時間が制約を受け，遠足などの時間の一部を総合の時間や教科の時間として同時に機能させることが求められるようになっていた．つまり遠足の一部に教科を取り入れる傾向が強まったのである．

こうして動物園の利用を限定していた要素のほとんどがなくなっていったのである．

（2）総合的学習の時間への対応

総合的学習のモデル手法は，小学校においては，「調べて報告する」であり，中学校においては「体験する」である．

調べ学習

調べ学習は，ともすれば辞典や図鑑を読んで，それに動物園でさらにくわしく調べて報告を作成するといったものにおちいりがちである．したがって，調べ学習に対応しては，たんなる知識の調査にとどまらず，プログラムなどを提示していく方法が有効である．多様なモデルプログラムを学校側に提示することなどを通じて，それらを児童自らが改変・応用するよう誘導していく．

体験学習

これまで飼育体験は，夏休みのサマースクールのように特別の場として設定されるにすぎなかったが，日常的に受け入れる態勢をとるという問題がある．

校外授業（遠足）

学校の校外授業は，事前の実踏がある．これまでは，弁当を広げる，集合するなど施設の場所などを調査することに費やされていたが，学習過程に包含されるとなれば，動物園でなんらかの授業をしなければならない．これに対応するには，一定のプログラムを提示しつつ，そのプログラムどおりに行うのではなく，モデルとして利用して，授業の進行に合わせて，教員が積極

的に参加してプログラムをつくる方向に誘導する．

（3）教員に対する働きかけ

教科書の活用

　動物園で飼育展示されている多くの動物が，外国産の野生動物であり，それは理科の教材になじみにくい．ところが，国語の教科書においては野生動物の登場する比重が高く，多様な野生動物が扱われている．そこでの野生動物の取り扱い比率は，なんと約 30% である．寓話や擬人化された扱われ方を除いた純粋に野生動物の生態などを題材にしたものに限ってのことである．とくに，国語では「説明文」という項目があり，そこでの野生動物比率は 60% にまで達している．

　すでに見たように，小学校の教員は全教科の教員であり，理科も教えれば国語も教える．なおかつ彼らの多くは，文科系の出自と想像され，理科的また生物的な基礎的素養が十分であるとはいえない状況にある．さらに動物園での学習は，せいぜい 1 日の学習であるから，どこかでそこで学習したことのフォローも必要である．こうしたことから，教員に教材の内容を説明し，教材への興味と知見を提供するとともに，間接的ではあるが児童に対してより深い知見にもとづいた授業を展開することにより，間接的な教育が可能な分野である．多摩動物公園では，平成 14 年度から教員向けの研修会などを開催し，多数の教員への指導を通じた教育活動を進めており，現在ではいくつかの動物園にも広がっている．

　またこうした活動を通じて，教員や教育委員会との接点をつくり，活動内容を深化することもできる．

学校動物の飼い方教室

　学校での動物飼育は，戦後急速に普及し，長い間，学校の自主的な活動とされた後，平成 4 年の「生活科」の発足によって正規の教科に組み入れられた歴史を持つ．正規の教科に組み入れられるのが遅かったせいもあり，教員の多くは，動物飼育の訓練を受けたわけではなく，実践経験にも乏しい．動物園は，こうした学校での動物飼育の現状をふまえ，動物教育の視点からも，教員への指導を強める可能性を持っている．

教員研修

学校との関係改善は，つねに具体的に教員との接触によって始まる．教員に動物園での経験をしてもらうと同時に，動物や生物に関する基礎的な理解をしてもらう絶好の機会としてとらえることができる．1日もしくは数日の研修が可能であり，座学とオリエンテーション，飼育実習などのプログラムを作成すれば，職員の自己研修にも活用できる．

4.4 子ども動物園

(1) 子ども動物園の始まり

昭和23年，戦後まもなく，上野動物園に子ども動物園が開園した．日本における子ども動物園の始まりは，このときだと思われる．埼玉こども動物自然公園の日橋一昭は，満州国の新京動物園にあった可能性があると述べているが，この証言を裏づける文書は残されていない．新京動物園の園長だった中俣充志による新京動物園設立の報告には，なにも記されていないからである．しかし，中俣は古賀の後輩で，古賀は戦前から子ども動物園の構想を温めていたから，日橋の推測を否定することはできない．戦中から戦後にかけて上野動物園の飼育課長だった福田三郎の『動物園物語』には，「二十三年になって，動物園にとっては，多年の宿願であった子供動物園ができたのです．動物の仔供達ばかりが集められ，小さな動物舎のなかに収容されました」とあり，ここからわかることは，まず以前から子ども動物園が構想されていたこと，また動物の子どもが集められたことである．

これをさかのぼること15年，昭和8年に上野の園長古賀忠道は，幼獣園を開設した．幼獣園はライオン，クマ，イノシシ，ヤギなどの動物の子どもたちを集めて同居させる試みであったが，2カ月ほどでライオンが成長したのでとりやめになった．幼獣園の考え方は子ども動物園とはまったく異なるが，古賀の企画の根拠には，動物園と子どもとの結びつきがあったと思われ，また戦後いち早く子ども動物園を開園したことと関連していよう．

一方，子ども動物園の開園には，野生動物の収集が困難だったことが最大の理由として掲げられる．子どもの家畜，家禽，サル，リス，カンガルーな

ど戦中を生きのびた小動物，オウムや小鳥，キンギョなどでまかなえたからである．また，戦中なおざりにされがちであった子どもたちへの教育が，一斉に開花して，子どもの要求に応えることが求められた時代でもあった．

（2）子ども動物園の原型

このときつくられた子ども動物園には，いくつかの特徴がある．古賀の文章からそれらを拾ってみると，
① 動物はなるべくおとなしい動物として，できるだけ動物の子どもとする．
② 収容場所は，柵を低くして，子どもたちが接しやすくする．
③ 動物を子どものところに出すよりも，動物のいるところに子どもを入れる．
④ 動物を愛護したり，世話できるようにする．
⑤ 子どもたちの情操教育の場（弱者をいたわる心），理科教育の場とする．
⑥ 子どもたちの指導には，優秀な指導者を必要としていて，指導者しだいで成否が決まる．

こうして設置された子ども動物園によって，前年10万人程度だった小学生の入園者は，昭和23年度に40万人にまで増加している．子ども動物園の人気はすぐに全国に波及する．なにしろライオンやゾウがいなくても動物園をつくることができるのである．こうして全国に第1次動物園ブームが起きるのだが，その多くは「子ども動物園」を中心とするか，あるいはまったくの子ども動物園型の動物園であった．

動物園が子どものためにあるという動物園観は，戦前からあったと思われるが，第1次動物園ブームを機会に決定的になったといえよう．また，子ども動物園が情操教育の場として位置づけられたことは，その後の動物園教育に大きな影響を与えることになる．「動物園での教育」は，動物園関係者の思いにもかかわらず，当時はとくに一般には受け入れにくい考えであったが，子どもの情操に役立つのであれば，容易に社会に受容されたからである．この時期以降，教育活動は子ども動物園を中心にして展開されていく．昭和26年には，東京動物園協会から，「子ども動物園補導凡例集」など，上野動物園が中心となってマニュアル化も進んでいく．

（3）子ども動物園の展開——なかよし・ふれあい・いのち

　子ども動物園活動の中心を担ったのは，上野の遠藤悟朗で，遠藤は昭和24年から子ども動物園に携わり，昭和40年に組織として「子ども動物園係」が発足したとき，初代係長（園長）となった．子ども動物園を専門とする組織はこのときが最初である．

　全国に広まった子ども動物園の多くは，①動物との接触，愛撫，②動物を知る，③世話をする，を基調にしていたが，そのうち動物との接触と世話が人気の的となった．教育的な側面からいえば，情操を育てることに傾斜していくことになる．動物と「なかよし」になるのが，子ども動物園の特徴とされ，その後，昭和50年を過ぎて，「ふれあい」というキーワードを獲得して，しだいに定着していくようになる．

　昭和55年，埼玉こども動物自然公園が開園した．この動物園は，従来の子ども動物園が都市内の比較的小規模の動物園であるのに比べ，郊外の丘陵地に40 haを超える広大な土地を求め，元来，古賀や遠藤の指向した子ども動物園に，野生動物を加え，動物全般へ教育活動を充実したことにある．初代の園長は，上野から移籍した遠藤悟朗である．また，昭和60年に開園した千葉市動物公園でも，「動物に触りたい」という子どもたちの自然の要求から，動物と人間との関係も理解すると位置づけた活動を行っている．

　子ども動物園の特質の1つに，幼稚園（保育園），小学校とのつながりがある．学校と動物園の関係は密接ではなかったが，子ども動物園は別である．昭和30年代は，急速に都市化が進み，都市民の前から，ウシ，ウマ，ニワトリなどの家畜，家禽が消えていく時代でもあった．また，集合住宅では犬猫などのペットはご法度であったから，動物そのものとの接触機会も失われていた．こうした社会的需要がつくられているなかで，幼稚園を中心に小学校低学年の子ども動物園訪問は定着していった．

　幼稚園などは団体で来園することから，教員との事前の調整と子どもたちへの直接的接触を伴う．いいかえれば，通常の遠足とは異なる指導が必要で，こうした指導は現在でこそ多くの園で取り入れられているが，昭和30-40年代では，子ども動物園特有のことであった．動物教育が知識普及や情報を出すことに終始していた時代にあって，より実践的な教育と現場における教育

図 4.8 井の頭自然文化園ふれあいコーナー（さとうあきら撮影）．

技術の獲得などを含めて行っていたのが，子ども動物園だったのである．

　昭和 50 年，埼玉こども動物自然公園の遠藤悟朗と日本モンキーセンターの職員が中心となって，「日本動物園教育研究会」が発足した．この研究会は「自然科学教育としての教育活動」に焦点をあてていて，話題も自然科学にあったが，しだいに「情操教育」関係者が増加してきて，一時は過半を子ども動物園関係者が占めるようになっていた．実践的活動者のほとんどが子ども動物園関係者であったからである．

（4）子ども動物園の現在

　子ども動物園での教育は，「ふれあい」と「世話」を基礎にして，1 つには情操教育つまり「なかよし」から「いのち」へとつながる「心」の教育と，「動物の理解」に結びつける 2 つの方向性を持って進められてきた．これは情操教育と動物理解（対象）とのいずれを重視するかの違いでもある．そして現在では，動物愛護の普及ともあいまって前者が優先しているとも思われる．また，近年になって「いやし」を求めて子ども動物園を訪れる大人の来園者も多くなってきて，「ふれあい」と「いやし」が相乗して，子ども動物園の人気も従来とは変わったところに位置するようになってきた．前述の日橋は，動物理解の教育を重視している一人であるが，「子どもたちが実物の

動物を通した体験から動物を理解したり親しむ場のはずが」として「ペット」によるいやしと同等のものを求めてくる来園者の増加を危惧している．実際「いやし」はまったく個人的な指向によるものであって，情操教育とも動物教育とも少し離れたところにある．

こうして日本における子ども動物園活動は，「ふれあい」「いのち」そして「いやし」とが相乗して，独特の内容で行われているといってよい．このような活動の展開は，日本的特徴といえる．

4.5　広報と多様な情報発信

（1）広報活動（PR, Publicity）

広報の目的は直接には，動物園の存在を知ってもらい来園してもらうことにある．同様に，動物園のさまざまなニュースや事業内容を知ってもらう役割も持っている．幸いにも，公立の動物園はマスメディアによって取り上げられやすい情報先である．新聞やテレビにとって，動物園の情報は，安心で楽しい情報であるからだ．マスメディアには，俗に「暇ネタ」という業界用語があって，政治，経済，社会などの大中のテーマが途切れるときに準備された情報がある．こうしたときに，とくに大きな情報ではなく，事件があるときには退けられてしまう動物園の情報が出される．動物園にとっては本意ではないが，いつでもこうした情報を提供する準備が必要である．

一般に広報活動は，記者たちに直接発信される．マスメディアが全国に張りめぐらせている記者クラブのネットワークの多くは，警察署や市役所に置かれているが，なかには動物園内に設置されているものもある．公立の動物園がこのようにマスメディアと太いパイプでつながっていることは，現在の日本の動物園の社会的位置と関係している．他の公共的施設，たとえば博物館，美術館，学校などと比べてメディア露出度が圧倒的に高いのである．

マスメディアとの協力的関係が容易につくりだせることは，動物園の社会的認知を高めるという相乗効果をもたらす可能性を秘めているのである．そしてこの場合重要なのは，メディア側の要望をふまえつつ効果的な情報を提供することにある．とくに園長や飼育課長は，それ自体としてタレント性を

秘めているから，彼らによる情報提供の持つ重みは大きい．私立動物園は，当然動物園としての公共的な役割を持ってはいるが，反面，企業性を隠しきれないことから，マスメディアによる露出においてハンディを抱えており，有料による施設宣伝によってこれを補わなくてはならなくなる．動物園の公共性と企業性との関係は，マスメディアとの関係をめぐって微妙である．

(2) 多様な情報発信

機関誌の発行

戦後まもない昭和23年，動物園の復活を期して東京動物園協会が発足した．この協会は，上野動物園内で売店や食堂を営業した利益によって動物園事業を支えるための公益法人とし設立された．東京動物園協会が，上野や東京都の動物園，水族館に果たした役割は大きい．上野動物園は，東京都の施設であるから，動物園が行わなければならない事業と判断しても，組織や財政などの制約が多い．こうした事業の1つに雑誌の発行がある．

昭和24年に，同協会から「どーぶつえんしんぶん」が発行され，動物園の定期刊行物としてのスタートを切った．その後，昭和26年には「動物と動物園」と改称され，専属の編集員を雇用し，月刊誌として発展していく．

同誌の特徴は，東京都の動物園の情報や動物学の普及にとどまらず，全国の動物園の記事を取り上げたことにある．このことによって日本の動物園全体の機関誌的役割をも担うようになっていった．

昭和38年に，多摩動物公園に昆虫園設立推進委員会が設置されたが，それをきっかけに昭和39年に月刊誌「インセクタリゥム」を発行して，全国の昆虫ファンの機関誌の発行も果たした．

東京都以外の動物園においても，飼育スタッフを中心にして定期的な機関誌紙は発行されている．また最近では企業などと協力したフリーペーパーが発行される一方，ニュース情報発信の主力を紙媒体からインターネットに切り替えを行う動物園も出てきている．

二次資料を中心とした展示と教育的催し

かつて「動物園の展示」とは「生体の展示」ではなく，もっぱら「二次資料の展示」を意味していたが，21世紀に入るころから，生きた動物をどの

ように見せるかが「展示」として強く意識されるようになり，展示概念の主流が移っていった．しかしそのことによって，二次資料を使った展示が減少したわけでもレベルが低下したことを意味するわけでもなく，むしろ電子機器や映像，ハンズオンの導入によって生体展示と相補関係になっているといえよう．生体展示が，おもに見て楽しみながら発見する役割を持っているのに比べ，二次資料の展示は知識開示とハンズオン性を重視する展示といえよう．また相互交換性が薄く，テレビなどによる情報との区別性に乏しい欠点を持っている．

催しもまた多様化しているが，より教育性が高まっていると評価できる．それらについて以下に簡単に列挙してみる．

①教育資料館などの常設・特別展示

展示資料館は半数程度の動物園に設置され，レクチャールームなども併設されている．動物園の改造計画に合わせて逐次増加してきている．

②情報機器の整備

コンピュータによる情報の検索，ビデオによる情報の提供，またバーコードなどを使った情報提供もあちこちで見られるようになっている．

③ハンズオン

新しくつくられた動物舎などでは，その動物の特徴を生かしたハンズオンの展示も見られるが，消耗度が激しく，技術的にも未開拓の分野である．

④標本類

骨格，剥製の利用はむしろ減少気味である．動物園の飼育動物が希少性を増しており，標本自体も貴重性が高くなっていることが関係している．

⑤講演会など

絶滅危惧種や自然保護をテーマにした講演会，シンポジウムなどの比率が高まっている．

⑥友の会，愛好会

動物園愛好者やボランティアを育成する場としてこれらの組織がつくられている．東京動物園協会では，機関誌の購読者としての「愛好会」を昭和27年に結成して，これが日本では最初である．また，機関誌だけではなくボランティアと一体となった「友の会」などもあり，形態は多様である．

動物園外での教育活動

　昭和25年に上野動物園が行った移動動物園以前に，動物園外に野生動物を持ち出した記録を私は知らない．この移動動物園の評判はきわめて高く，翌昭和26年には多摩，伊豆大島などにも出張している．野生動物の移動は，それ自体が困難な作業で，動物に与えるストレスはきわめて大きいから，いかに人気が高くて要請が強くても，これ以後，上野は一度だけ巡回動物園を試みているにとどまる．しかし，家畜系の小動物を園外に出して活動するケースは増加している．

　日本には現在90前後の動物園が日本動物園水族館協会に参加しているが，比較的近くに動物園があるわけではないから，移動動物園や学校などでの教育活動に動物を持ち出してもらいたいとの要望は少なくない．また，野生動物の専門家は，それほど多くないこともあって，各種の講演を動物園に依頼してくる事例も多い．このような要望に部分的にでも応える活動は活発化しつつある．それらを簡単に紹介しておく．

①自然観察会

　比較的近距離の生息地に引率して行うもので，東京動物園協会が昭和38年に行ったのがおそらく最初の事例であるが，身近に野生動物が見られなくなったことや，野生動物を見る視点が失われてしまったこともあって，平成に入るころから全国の動物園で行われるようになってきている．

②出張授業（出前授業）

　おもに職員が催しや授業に参加する形式をとるが，家畜，小動物など運搬可能な動物を伴うと親しまれやすい．とくに動物園に訪れる前に予備的な観察方法や動物への理解を求めるのに有効である．

③移動動物園

　家畜や小動物を催し会場に持ち込むケースである．市民の要望は高いが，動物のストレス，人獣共通伝染病など多くの問題を抱えている．

④教材の貸し出し

　学校での授業の補助や来園前後での動物園での学習を，教員が学校でフォローできるのが特徴である．

⑤遠隔地授業

　インターネットを利用できることから全国どこでも実施できるようになっ

た．生徒たちと会話しながら進めることができるのが特徴である．

（3）教育活動の特徴と課題

生(なま)ものを見せること

コンピューター・インターネットをはじめとした電子媒体の発達は，世界全体の情報発受信のあり方をまったく変えてしまった．情報量は桁外れに増え，交流のレベルも変わっている．いわばなんでもできるようになったのであるが，それゆえに情報のあまりの莫大さとバーチャリティの高さは，反面「生(なま)もの」の貴重性を際立たせている．

想像すること——学校教育との違い

学習する目的で来園する動物園の利用者は少なく，来園者調査によれば10％を超えることはない．また，動物園での展示には，知識としての情報は少ない．決まりきった知識の提供は，説得力はあるが，知の広がりを閉じて自己完結的にしてしまいがちである．そのときだけのエピソードに終わってしまうことが多いのである．動物園での教育事業は，見る対象である動物たちが無限の情報を持っており，遊びやレクリエーションとしての時間を過ごしながら，そのなかから自分で探し出し想像する可能性を秘めていて，こうした観点から人的・物的に情報提供をするのが求められよう．

人材の育成と雇用

しかしながら，こうした教育活動はなかなか容易ではない．生の動物たちは多くの情報を発信してくれるが，それを受け止められる状況をつくりだすには，それなりの支援体制が必要である．それが，人であれ，パネルに代表されるモノであれ，むずかしさは変わらない．この困難を乗り越えるには，やはり人材が必要なのである．これまで日本における動物園の教育活動は，いわゆる情操教育に偏重されてきたから，それにふさわしい人材が意識的に養成されてくることが少なかった．動物園の目的を考えるときに，教育＝伝達＝メディア性がもっとも肝要であることは明らかである．東京動物園協会の解説員，日本動物園水族館協会の教育事業推進委員会などこれまで細々とつくりあげられてきた実績をふまえた取り組みの強化と各園における教育事

業への見直しが，日本での動物園の存在意義を高めるポイントになろう．

多摩動物公園の動物解説員の草野晴美は，「子どもが動物に引き込まれるように見ていたら，私はもうほとんどなにもしないで様子を見て，……想像力が伴うような疑問になってきたら，ちょっと見えてきている」という．ここで問題になるのは，観客のなかに出てくる疑問を想像力につなげる指導である．その指導者は，疑問に簡単な解答を出すことではなくて，疑問を展開させていくことに他ならない．この過程を成立させるには，やはりそれにふさわしい教育方法の確立と人材がキーになる．

飼育係による教育活動

動物舎の前で飼育係が説明するスポットガイドは人気も高く，いまや多くの動物園で行われている．ボランティアなどと協力して行われる場合も少なくない．飼育という実体験をふまえたお話であるので，それだけ迫力もあり，おもしろい．また飼育係のモチベーションを高め，自己研修にも役立つから二重の効果がある．しかし，すでに述べたように教育における想像力との関係でいえば，そのための訓練や研修を進めていくべきである．

4.6 研究

（1）動物園と研究

動物園の行うべきことの1つに「研究」があげられて久しい．しかし十分な成果は上がっているであろうか．そうでないとすれば，なにが必要なのであろうか．動物園は博物館の野外展示施設として発祥して，屋内（博物館）では展示とともに研究が行われるべきところが，本体の博物館では自然史部門が後退を重ね，明治末期には自然史研究者は不在となってしまった．石川千代松が退職したことの意味は，動物園の問題より以上に博物館の問題であった．一方，展示施設に特化した上野動物園では，研究部門にかかわる人材は育っていない．京都市の川村多實二，大阪市の筒井嘉隆など研究活動を開始できる人材は皆無ではなかったが，社会的にも野生動物の研究全体が認められていない時代にあって，動物園内部とその周辺で孤立し，動物園を去っ

ていった．

　動物園人として本格的に研究活動を開始したのは，戦前期の古賀忠道が最初であろう．古賀は戦前から戦後にかけて，自ら多くの動物の繁殖と育児観察記録を残し，昭和30年には「上野動物園研究報告」を発行して，研究成果を発表するとともに，飼育技術者に対して研究活動に取り組むべきとのメッセージを発している．古賀の研究への意欲はまた全国組織においても発揮され，昭和34年には日本動物園水族館協会の「日本動物園水族館雑誌」(「動水誌」) を創刊するのに貢献した．ちなみに，上野動物園での最初の論文は「真那鶴並に丹頂の人工繁殖に付いて」と「上野動物園に於けるペンギンのアスペルギローシスについて」であり，「動水誌」では昭和34年，「鶴類の繁殖特にその人工孵化育雛に関する研究」を発表し，この論文を基礎に博士号を取得している．こうして日本の動物園界における研究活動の基礎はつくられていった．

　一方，組織として研究体制を確立したのは，昭和31年の日本モンキーセンターであり，「研究部」を設置して，リサーチ・フェローを配した．この研究部は，動物園の飼育技術者が研究するよりはむしろ，既存の研究者を動物園に所属させ，動物園動物を中心に研究活動をさせるというものである．

　このように研究活動は2つの源流を持っていて，これらの活動は同様に「研究」とされるが，性格は異なっている．動物園における研究の基本は，やはり飼育技術者による研究活動であろう．

　近年，野生動物の生息地における研究やDNAの解析による個体の性別などの判定，冷凍動物園などの畜産工学的研究も開始され，活動分野は拡大されつつある．

（2）飼育技術者による研究

飼育下の野生動物の研究

　古賀の事例でもわかるように，飼育技術者がもっとも手をつけやすい研究は飼育している動物である．原点に返って考えてみれば，自分の飼育している動物を観察し，記録し，それを飼育技術の発展に生かすことは，飼育技術者として当然のことである．研究はここから始まるといってよい．動物園における研究は特別なものと見なされがちであるが，それは飼育技術者が，現

図 4.9 野生生物保全センター——横浜市（さとうあきら撮影）.

場の業務（肉体労働を含め）を抱えていて，自由な時間が少ないことと，研究にはそれなりの方法，報告など形式が要求されるからにすぎない．

　飼育下の野生動物に関する研究は，数多くの報告がなされてはいるが，未開拓の分野である．希少性が高ければ高いほど飼育例は少なく，また個体差や飼育環境の違いなどがあり，おそらく1つ1つの研究報告が，それなりの新しい発見をもたらす可能性が高い．1つの事例であっても，飼育技術の発展への貢献度は高いのである．

　一方，ワシントン条約（CITES）では希少動物の輸出入は学術・研究目的以外では禁止されており，動物園はそれを許されていることでもわかるように，動物園で希少動物を飼育することは，その研究が前提とされている．動物園で飼育されている動物は，ほとんどが希少種であるから，その飼育下における研究と報告は飼育技術者の義務ともいえる．動物園では希少動物を預かっていると考えるべきであり，地球上の研究資源を預かっているのである．その意味でも，研究体制の確立は急務であるといわなければならない．また飼育技術者の研究意欲を保ち，向上させる取り組みを組織的に行う必要もある．このための技術的手法は本論の目的ではないが，後に述べる共同研究など手がかりはいくつもある．

　例外的な事例では，横浜市はズーラシア建設に合わせて「野生生物保全セ

ンター」を併設して，展示とは別に希少動物を飼育して，繁殖と研究に努めている．

野生での研究

日本モンキーセンターでは，発足当初から野生ニホンザルの研究を課題としていた．温帯地域では唯一といってよいサルの生息国である日本の独自性を生かして，世界に先駆けた研究の一翼を担ってきた．その後，京都大学霊長類研究所が隣接して設置されたこともあり，研究体制は縮小されたが，動物園と研究との結びつきの出発点として記憶されてよい．

昭和43年，東京都の3動物園では，当時数少なくなった野生トキの保護に向けた研究会を設立して，昭和50年から環境庁（当時）の補助を得て，保護のための研究に取り組み，多くの近縁種を飼育して繁殖実績を上げ，トキの飼育下での繁殖可能性を示した．この研究成果は，その後，日本にいるトキが絶滅状態となり，中国から佐渡へ3羽の個体を移動し，繁殖させる際に，飼育・獣医技術的な支えとなった．

昭和46年に開園した広島の安佐動物公園では，広島市および周辺にオオサンショウウオが生息していることに着目し，開園当初から園長の小原二郎が中心となって研究と保護活動を開始している．オオサンショウウオは，古くから親しまれていた種であるが，その生態の研究は少ない．また，急速に進められる河川の護岸工事によって生息地を奪われて，希少性を増していた．広島の事例はあまりにも有名であるが，その特徴は，動物園が主導し，市民や研究機関との連携を図りながら，飼育技術者が積極的にかかわり，展示と結びつけたことにある．

富山市ファミリーパークでは，呉羽丘陵に位置するという立地を生かして，周辺の野生生物，とくにホクリクサンショウウオの調査と保護を園内および丘陵一帯において行っている．

北海道，東北および東京都の動物園が協力してニホンイヌワシなど，絶滅が危惧されている猛禽類の野生下での保護・研究活動を行っている例もある．

平成18年に東京動物園協会は，指定管理者制度への移行を機に，多摩丘陵の両生類や小笠原諸島の絶滅危惧種，またボルネオオランウータンの保護に向けて，「野生生物保全センター」を設立して，組織的な取り組みを開始

図 4.10 安佐動物公園の研究——オオサンショウウオ（さとうあきら撮影）.

した．

このように，野生動物の野生での研究は，保護活動や地域での保護活動と結びついて進められているのが特徴である．

しかし動物園の行う野生動物の保護活動には異論があることもまた事実である．日本の動物園の多くは，自治体により設立された動物園がほとんどであるが，自治体の内部には，動物園はそのような活動に手を出すべきではなく，展示を中心とした利用者へのサービスに傾注すべきだという意見が相変わらず根強い．また自然保護団体や生態学研究者からは，動物園関係者は生態学的専門性が薄いので，生態系攪乱の要因になるとの観点から反対を表明する人たちもいて，多くの課題が残されている．

（3）大学・研究機関との連携

獣医技術や畜産工学の発展に伴って，野生動物研究の分野においても専門性が必要となってきている．こうした分野の研究を動物園内で行うには自ずと限界があるのは当然である．そこで先端技術を持っている大学や研究機関との協力が必要であり，これらの機関との共同研究が進められている．岐阜大学は，動物の糞から発情・妊娠の判定を開発したし，いくつかの大学は分

担してDNA解析による個体の近縁度を測り，動物たちの繁殖に役立てている．また人畜共通伝染病，野生動物固有の病原性生物の研究も進められている．

　動物園動物は，大学・研究機関にとっては研究材料の宝庫であるため，相互の利益にも合致することから，今後も協力体制は強められていくであろう．

　とはいえ，研究機関との連携はいくつかの問題をはらんでいる．希少野生動物は，人類の共通財産であると述べたが，動物園にも研究者にもこうした意識は薄いから，動物園動物をこのような社会的存在であると認識しないままに，ただ研究資材ほしさに研究成果を還元しない例や，研究を重視するあまり動物たちに悪影響を与えてしまう例などが少なくなく，このような事例は両者の連携の阻害要因となっている．これらの阻害要因を除去しつつ，研究材料を提供するためのシステムづくりは急務である．

　野生動物を研究対象とする大学の研究室は増加している．行動，生態，生理などの研究の場を求めて動物園を訪れる学生は，飛躍的に増加している．飼育技術者はすでに述べたように十分な観察の時間がとりにくいこともあって，学生との共同研究はこれから発展させなければならない分野である．先端技術分野はともかく，こうした学生と協力して飼育技術を向上させるためには，飼育技術者による学生への指導力が求められている．

第 5 章　計画と経営

5.1　計画と設計

（1）施設としての動物園

　動物園の全体構成は開園したときに決定づけられてしまう．水族館のような建物中心の都市施設は，老朽化したときには全館をリニューアルせざるをえないが，動物園は一部の施設が古くなり時代にそぐわなくなっても，園全体としては開園しながら，少しずつ改造して，新陳代謝できるメリットがある．デメリットは全面的な改築ができにくいことである．開園当初の構成を基本に部分的修正をすることが多いのである．

　上野の開園当初の設計図や動物舎の配置図は残されておらず，その後動物舎が新増改築された経緯から読み取ることになるが，つぎのように特徴づけることができる．

　①ヨーロッパの特定の動物園をモデルにしていない．
　②全体は，回遊式庭園を基本にして，その合間に動物舎を配置している．
　③猛獣舎には檻，草食獣舎には柵，大型鳥類には籠型を使用していて，小動物は建物のなかに収容している．
　④とりあえず開園して，その後，増築すればよいと考えていた節がある．

　戦前期から戦争直後にかけて，日本の動物園の多くは，上野動物園をモデルにしてつくられ，回遊型になっている．その間，欧米との交流が行われるようになり，ハーゲンベックのパノラマ式の考え方が伝えられたが，全面的にハーゲンベック方式を導入した東山動物園を除いて，東京市に移管された上野で大規模改造計画により拡張されたおりに，アシカ池などに部分的に導

入された例はあるが，ほとんど導入されることはなかった．

　戦後，昭和30年代後半になって新しい動物園計画や郊外移転が検討され始めたころ，それらの計画に新たなモデルが求められた．当時，欧米諸国の動物園事情にくわしく，また出資者である自治体当局に計画を提案できたのは，上野を退職した古賀忠道しかいない．こうしてつくられた多くの動物園は，欧米型をモデルにして，それを古賀が翻案したものだったといってよい．現代日本の動物園の基本構造は，このようにして形成されている．その後も新規に建設された動物園は，なんらかのかたちで欧米型をモデルにしている．例外はすでに述べた近藤の設計によるいくつかの作品である．

　日本の動物園は昭和40年代に大きな転換点を迎えるが，これ以後新たにつくられるか移転するかした動物園と，既存の動物園を基盤に改造した動物園との2つに分けられるのである．動物園計画といっても，この両者では性格が異なっている．

　計画は，新規の建設計画，既存の動物園改造のため長期的な視野に立ってつくられる長期計画，動物舎を新改築する際の設計に分けられる．また設計は，基本設計，実施設計に分けられ，大規模なゾーンを設計する場合は基本構想と呼ばれるゾーン全体の構想を立てたうえで行われることが多い．一般に動物園計画は大規模であり，上記のように何段階かのステップを踏んで進められている．

（2）建設計画と改造計画

　ここでは，総合的な動物園が新しくつくられる場合や大規模な改造を行う場合を念頭に置いて，特徴と留意点を簡単に述べることにする．

敷地と予算・イメージ

　通常，新しい動物園の計画をつくる場合，まず立地と予算が先行して検討される．日本の動物園発展のターニングポイントは郊外型の動物園であった．都市近郊の平坦な土地は，宅地や農地によって利用されつくしているため，新たな敷地は丘陵地に求められた．加えて日本は地震の多発地帯であり，擁壁なども強固につくられなければならないから，土木工事に多くの費用を要する．十分な予算を確保したつもりでも，具体的に設計すると土木工事費用

に予算を食われてしまうことが多い．そうしたこともあって，土木工事を最小限にして，地形を生かす計画は，もっとも重要な課題である．立地の地形とイメージの結合は，独特のセンスを必要とするが，イメージが欧米型だと，造形には限界がある．欧米の動物園は，敷地全体が広く，平坦な地形に設置されているから，個別の運動場などを広くとることができるが，まずこの点で決定的な相違がある．

　一方，こうした地形は細長い動物舎を位相差的につくりだすのに適している．地形と建物，植栽で他の動物舎を隠すのに好都合なのである．

　これらのもっとも基本的な事項をふまえて，つぎに重要なのは設計すべき動物園のイメージ像である．都市公園型，生息地環境型，田園風景型，里山型，動物（行動）重視型などさまざまであるが，計画者の全員がイメージを一致させておく必要がある．イメージ像の確定は，その動物園がなにを伝えたいかと密接に関係する．メッセージは，イメージの統一によって，より伝わりやすい．こうしたイメージ像はその後の計画全体に反映させていかねばならない．グランドデザインの成否は，デザインにかかわる人たちが共通したイメージを形成できるか否かにあるといってよい．

ゾーニングと動線

　多くの動物園は，世界各地の動物を展示することになるが，それらを分類して展示するのが普通である．それは展示配列の一形態であり，地理的，分類学的配列などが使われる（表 3.1 参照）．とくに規模の大きな動物園では，多種多数の動物を展示するのが普通であるから，園内をいくつかの地区に分けて，それぞれに特色のある動物を展示するために使われる．地形に谷や襞の多い場合，これを利用してゾーニングするのが多用される．

　地理学的な展示を採用する場合，ゾーン全体に生息地の環境を意識せざるをえない．たとえば，熱帯アジアを選択する場合，アジアの熱帯雨林をできるだけ再現することで，環境と動物を一体化させようとするのは当然のことである．欧米の土地環境は，平坦で比較的寒冷であるといえる．そこでは針葉樹などの既存の樹木を利用するのは不可能であるから，敷地内の植物を皆伐して外見的に似ている植栽をして，擬岩を導入するなど人工空間を形成する傾向にある．アメリカの動物園を見ても，南部の動物園と北部のそれとで

は，雰囲気が異なるのはそのせいである．南部の動物園は，自然の改変度が低い．日本においては新たに建設される動物園を除けば，動物舎は逐次改変させることが多く，また植物が茂っていることからこれらを皆伐することは容易ではない．多数を占める郊外型の動物園で，昭和40年代に建設されたという時代的な制約もあり，既存の植生を取り去った動物園としては，横浜ズーラシアを数えるのみである．また丘陵地の植生を改変させることは，市民感情にも合わないといえる．

特定の分類分野の動物を1カ所に集めて展示する事例は少なくなった．モンキーセンターや鳥類園，爬虫類・両生類などにその例を見ることができるが，多くの場合，ゾーンというよりはむしろ1つの建物に収容されている．哺乳類では，サル類，類人猿，猛獣（食肉目）などがあるが，少数派になってきている．行動学的展示の普及は，この傾向に拍車をかけている．分類と行動を関係させている展示には，夜行性動物展示があるが，見づらい欠点が克服されておらず，いずれの動物園でもいきづまっている．

行動学的展示と地理学的配列による展示の違いは，前者が種を単位としていて，後者は生息地との関連を追究していることにある．生息地環境展示や行動学的展示が優占しているのが現代の特徴といえよう．

ゾーンや動物舎の間をつないでいるのが動線で，利用者を誘導する道筋をつくることであるが，動物園の利用者数は，土日祝日（週末）と平日では極端な違いがあり，混乱を回避するために週末の利用者数に合わせて設定されることが多い．またすべての動物を見たいという利用者の要望や回遊式庭園の伝統もあり，一筆書きの動線計画になることも多い．しかし一筆書きの動線は，利用者にできるだけ長く観察をしてもらうためには適さない．動線を強調すると，順序に沿って先を急ぐ流れを誘導するからである．いくつかのコース設定をするなど工夫が求められる分野である．

最近では動物園の収容能力の限界近くまで来園者が殺到するケースは少なく，また餌やりタイム，解説など動線を意識しない催しが増えたこともあって，動線の有効性は低くなってきている．

収集計画との関係

どのような動物種を展示するかは，動物の収集計画との関係で決められる．

計画がいかに優れていても，動物を収集できなければ水泡に帰してしまう．

現代の動物園では，野生から動物を捕獲・採集することはほとんどない．また希少動物になれば，売買は厳しく制限されるので，収集相手は既存の動物園などに限られる．かつて昭和50年代までは，日本のほとんどの動物園は，どこにどんな動物がいるか，譲渡可能か否かなどの情報を動物業者に依存し，そこから購入していた．動物園どうしの情報交換が頻繁となり，また業者に動物を譲渡することが少なくなってきて，入手の相手は動物園に局限されるようになってきている．したがって，新しく動物園を計画する場合に，動物収集の面から強く制約されている．この10年間で開園した動物園は，日本動物園水族館協会に加盟しているものでは，わずかに3カ所であり，しかも閉園した動物園のリニューアル，同一経営体に動物園があるものに限られている．

利用者ニーズとマーケティング

動物園のマーケティングはいくつかの矛盾を抱えている．マーケティングの基本は，まずターゲットの設定にあるが，動物園ではこのターゲットが定まらない．動物園の利用者は，2-4歳の子どもとその親が多数を占めており，子どものための施設として社会的に認知される一方，高齢者の需要がしだいに増えてきており，そのための施設づくりも求められる．一方，動物園の目的は動物への理解が基本であり，その立場からすると年齢のターゲットは，中学生から大人である．また地方自治体の政策からすれば，すべての年齢階層にわたったサービスが求められている．

近年，旭山動物園の行動展示や大阪のランドスケープイマージョン，さらに上野，多摩で試みられている展示の工夫の一方，ふれあいコーナーを増設する動物園の定着化などは，今後の動物園が大人向けと子ども向けに二極分化していくことを示唆している．動物園をめぐる社会的評価は大きく変化しており，その変化を感じ取るマーケティングの役割は一層重要になっていくと思われる．

長期改造計画・新設計画をめぐる特徴と問題点

日本の動物園の過半が地方自治体によって設立されているという事実は，

長期的な改造計画にも影響を与えている．

　長期改造計画は，その規模が大きくなればなるほど，首長など政治的な意向に依存せざるをえない．また動物園は，法律的根拠を持たないから，国の補助は期待できない．行政的に見ると動物園はまったく自治体の独自行政であり，基準も規格もない．このように自由度が高い反面，自治体の政治的，経済的動向に左右される．政治的とは，首長が変わることなどであり，経済的にも自治体の財政との関係があり，変動的要因が多い．長期計画は10年以上かけて行われるから，その間の変動によって，計画がそのまま実行されることは少ない．また10年も経てば，新しい発想，展示革命なども起きるかもしれない．長期改造計画との関係でいえば，計画そのものが完成をあらかじめなかばあきらめていて，長期計画の名のもとにいくつかの動物舎をなおす計画になってしまう傾向が見られる．とはいえ，自治体が大規模な予算支出をするには，長期計画は行政上に不可欠であるから，計画がつくられなければ，改造は単独の動物舎改築をいくつか行う程度の規模になり，こうした限界をふまえつつ，計画は策定される．

　長期改造計画は設計技術的な側面と切り離して考えられない．計画の特徴は，既存施設の基本的な改変を目的とする一方，地形や動物は既存のものを活用せざるをえないから斬新性と継続性は併存しており，その調整が必要である．また日本人の動物園観は欧米のそれとはいささか異なることから，欧米型の直輸入は必ずしも望ましくなく，日本型の優れた動物園づくりには独創性も求められる．これらの要請を満足させるには，動物園への親和性と専門性を持った計画・設計者が育成されるか，もしくは動物園人自身がそれを担う力量を培うしかない．日本の公共事業の特徴の1つとして，施工にはそれなりの予算を計上するが，計画や設計への評価が低いことがあり，これも計画・設計の専門家を育てるのに制約となっている．近年，動物園設計にかかわる企業や専門家，技術者がようやく育ちつつあり，新たな視点から動物園を再検討する傾向にあるのは期待できる要素である．

　旭山動物園の小菅正夫は，「設計担当者との関係は闘いである」といったが，旭山動物園の成功の一要因は，こうしたイメージをうまく設計者に伝えることができたことにある．計画者のイメージとそれを図面に反映する＝建設までに持っていく作業とが対立することは多く，自治体の技術職員の役割

は大きい．

　計画段階における成否を分けるのは，イメージを提示し，それを図面に落とし込めるか，その過程で各方面の専門家を，そのイメージのもとに糾合できるかにかかっている．こうしたことから，これからの動物園には当事者が，少なくとも計画を担う力量を培っておくことが必須であろう．このような力量は，長期計画ばかりか，1つの動物舎の改築でも有用である．

　他方，計画や設計を業とする集団にあっても専門性の高い技術者の育成が望まれる．

　計画の段階で重要なことは，将来の動物園を運営する多様な人たちの共同作業がどれだけできるかによる．そしてそれらは，それぞれの道の専門家でなければならない．設計，経営，展示，教育，動物（飼育），マーケティングなどの専門家による会議は，自治体の場合，審議会などを開催して行われるが，こうした会議が有効に機能したことは少ない．

　このような欠陥を補うことができるとすれば，それは動物園人しかいない．もちろん，個人ではこれらを能力的にも時間的にも担いきれないから，年齢の上下にわたって計画をつなぎ，時代に応じて変化させていく集団としての動物園人の育成が成否を分けるであろう．その中心に飼育技術者など動物園の専門家集団があり，したがって飼育技術者も動物飼育分野だけではなく，計画や設計など異分野の知識を得て，あらかじめ訓練などして備えておくことが重要なのだ．

（3）設計

なにを見せるか

　動物園の展示は，自然をそのまま縮小して再現することではない．自然を構成している無限の要素のなかから，ある特定の特徴を取り出し，それを再構成していく行為である．ここには当然選択が入ってくるが，この選択によって設計が決められる．そして選択をする場合には，その前提として自然の状態を理解しておく必要がある．いいかえればモデルは野生の生息環境であり，設計者はそのモデルを模写することではなく，単純化して描く役割を果たす．設計者が生息地を見ておく必要があるのはこのためである．

　自然からなにかを選択して再現するには，そのための指針は欠かせない．

展示設計の基本はメッセージの伝達にあり，選択はじつはメッセージの選択とつながっている．動物の行動，形態，自然環境の保全，多様性，想像力の喚起などその展示でなにを伝えたいかをあらかじめ明確にしておく必要がある．反面，選択はなにかを棄てることでもある．

来園者・動物・飼育係

　動物舎をつくるにあたり考慮しなければならないもう1つの側面は，来園者，動物，飼育係である．来園者にはメッセージの伝達が重視されなければならないが，同時に見やすさや視覚的快適性，猥雑物の除去などが考慮されるべきだ．「見えない」のも自然の1つだと考える人もいるが，少なくとも動物が見えないように配置するのは，それを動物園のポリシーとして明確にする以外はルール違反というべきであろう．

　動物への配慮は，近年とくに重視されてきている．動物の健康については動物園の生命線でもあるからそれなりの配慮はされてきていた．今後問題となりうるのはQOL（生活の質）であろう．しかもこのQOLは「動物が見られる，注目を浴びる」存在であるという限定つきであるから，二重の制約を受ける．来園者の視点を加えると少なくとも"かわいそう"に見えてはならないことも付け加えておかねばならない．"かわいそう"に見えるのは，たんなる誤解や擬人化による場合もあるが，動物の尊厳性などを表現するには避けるべきであろう．動物展示は舞台にたとえられることがあるが，動物は役者の役割を果たし，演出は動物舎の設定に限られている．しかし動物のQOLに関する今後の最大の課題は，動物が展示されている背後にあるバックヤードでの取り扱いにあろう．夜の展示されていない時間帯での動物の生活を充実させる配慮が求められる．

　飼育係にとっては，作業のやりやすさと危険や健康への配慮である．飼育係は，現在では人気職種になっているが，3Kとも4Kともいわれる職業でもあり，動物は飼育係にとっては危険な存在である．とくに展示場と寝室との間の出し入れのときには，飼育係にとってはどこに動物がいるかを把握しやすいことが必須であり，これがわかりにくいと事故に直結する．作業のやりやすさは，時間的な余裕を生み出し，観察時間や来園者へのサービス，各種の展示や飼育状態の改善にふりむけることができる．ただし，設計する側

には飼育係も含まれており，どうしても飼育係の仕事を配慮することに重きを置きすぎる傾向にならざるをえないから，動物や来園者への配慮とのバランスには注意すべきである．

設計・施工上の問題点

1つの動物舎を建設するにもいくつかのステップがある．第1段階は敷地利用，平面構成から全体の経費を決めるなどの基本設計であり，第2段階は基本設計をふまえて材質から植栽に至るまでを定める実施設計である．この段階になると，この設計図にもとづいて工事が行われるから，細かいところを除いて後戻りはきかなくなるので要注意である．

これらの段階で具体的に設計図を書き起こすのは，ほとんどの場合，設計業者であり，施工も建築や造園，土木などの業者である．動物園を専門とするコンサルタントやゼネコンなどは皆無であり，いくつかの動物園を扱った経験のある業者がいる程度である．そのためこの過程ではさまざまな問題が起きるが，代表的な例だけあげておこう．

設計業者の役割は，合意されたイメージを具体的に各段階での図面に落とし込むことにある．これは容易な仕事ではなく，当然に多くの矛盾を生じる．したがって，イメージや図面に反映されているか，矛盾がどのように解決されているかをチェックしていく作業は重要である．そのためには，動物園側，とくにメッセージの発信者であり将来管理者でもある飼育，教育などの職員や専門家が設計図面を読み取ることができなくてはならない．これがじつはむずかしい作業で，これができないと展示の方向は大きくずれてしまう結果になる．

建築，造園などの業者はそれぞれの道の専門家である．専門家がそれなりの自己主張を持つのは当然であろう．建築家は建築物のデザインを重視するし，造園家は植栽を重視する傾向にある．パネルなどを設計するデザイナーもまた同様である．しかし建築物は，動物展示にとってはメッセージの伝達を阻害する要因となるから，なるべくめだたないよう注意すべきである．会議はこうした自己主張のぶつかりあいの場でもある．このような専門家たちとの討論を，本来の目標であるメッセージの伝達へと統合していくのは動物園管理者の重要な責務であろう．

5.2 経営

(1) 収支から見た日本の動物園

　ごくごく初期はともかく，戦後の一時期までは動物園の収支はつねに入園料収入が支出を上回っていた．官公立の施設は，建設費などの投資的経費の回収をあまり重視しないことから，投資的経費の回収に関するデータは残されていないが，人件費を含む維持管理費との関係では，動物園はもうかる施設として評価されていたのである．上野動物園は帝室博物館の財政を支えていて，それゆえに自然史系を放棄しながら，博物館は動物園を手放すのをためらい，東京市に移管された後も，東京市の特別会計だった公園財政にも寄与していた．大阪，京都も同様で，少なくとも戦前期においては，単純収支が赤字だった例は聞かない．

　関西電鉄系における動物園は，経営的に見て，週末の電鉄利用者，動物園のある駅周辺の不動産開発，電鉄の文化的価値などの付加的役割があるので事情はいささか異なるが，投資的経費の回収も含めて戦前期には黒字であったと思われる．

　戦後復興期の動物園ブームは，上野動物園の人気やその後の移動動物園など単純収支はつねに黒字であることが報告されていたこともあって，動物園が市当局にとって財政負担にならないことをふまえたうえで起きた事象であると想像できる．

　昭和25年，博物館法が策定される過程で，同法を博物館・動物園法とする動きがあったが，動物園関係者のなかで同法に動物園を組み込むのに反対が起きた．博物館法は理念として営業的行為を否定していて，「入館料は徴収してはならない」旨の条文があり，入園料収入で成立している動物園としてはとても賛成できなかったのだろう．このことは当時動物園が入園料収入によってまかないえたことの証左でもある．

　動物園が単純収入で黒字だった理由はいくつかあるが，当時の動物園と動物をめぐる事情を明らかにしてくれる．以下に特徴をあげてみる．
［収入面］
　①入園料は，相対的に安くない．また子どもも有料である．

②入園者数も少なくない．団塊の世代が子どもだった時代である．
③遊戯施設による収入は，利幅が大きい．

［支出面］
①職員数が少なく，また労賃単価も安い．
②土地は狭く，施設は貧弱で，安価である．
③動物コレクションは，ゾウやライオンなどの目玉的動物以外少ない．

こうした単純収支の黒字は昭和30年ごろを境に逆転し始める．上野動物園についていえば，支出が収入をやや上回るのは，昭和30年代である．最大の入園者数を持つ上野でも収支がマイナスに転化するならば，全国の公立動物園の状況は明らかである．昭和30年代は，動物園がもうかる時代は終わって，財政によって補填しなければならない状況が生じ，そのような認識が定着した時代であったといえよう．その結果，新しい動物園建設は少なくなっていく．注目すべきことは，収支がマイナスになることが明らかになったこの時期にあっても，閉園に追い込まれた公立動物園はなかったことである．収支マイナスでも動物園を支えたのは，おそらく動物園の人気，とりわけ「子どものための動物園」という認識の定着である．

引き続く昭和40年代は，公共的都市施設として認知される時代である．入園料金は低廉のまま長い間据え置かれ，無料入園者の範囲は，幼児から小学生，中学生，老人に拡大していく．一方，賃金は上昇するとともに，施設は充実され，その維持のための光熱水費負担は大きくなる．一般に動物園は動物にかかる飼料や購入費よりも，光熱水費などが大きな比重を占めることはあまり知られていない．

こうして単純収支はもはや比較する対象にもならない程度となって，より一層公共事業的性格を高めていく．この時期に設立された公立動物園のほとんどは，地方債に依存している．ちなみに全国の公立動物園の入園料は，経営悪化した民間動物園を自治体が引き取ったものを除き，平成20年に旭山動物園が800円に引き上げるまでは，すべて上野や多摩の入園料金が上限で，それ以下に抑制されていた．

公営の動物園が入園料への依存度を低めていく一方，民間動物園の経営収支は厳しさを増していく．民鉄系動物園も沿線の目玉商品としての役割を終え独立採算度が高まり，一方，東京ディズニーランド（TDL）をはじめと

する新型アミューズメント施設の登場によってふれあい型に重点を移し，低年齢層へのサービスを強めていくが，第2章で述べたとおり，サファリ型動物園を除いていくつかの動物園は閉鎖されている．この間，新規に加入した民間動物園は姫路セントラルパークや熱川バナナワニ園など5園あるから，12園が閉鎖もしくは日本動物園水族館協会を脱会している．民間動物園にとっていかに経営が厳しいかを示している．

　公設（民営も含め）動物園は，昭和50年代以後ほぼ完全に公共事業となった．すべての動物園で小学生入園料は無料であることがそのことを示している．各園の財政事情は多様であり，入園料をとらないところもあるから大まかな記述しかできないが，入園料などの収入が支出の50%を超える園は，旭山動物園などの例外を除いてはないと思われる．欧米の動物園を3-4園調査したことがあるが，おおむね収入は，

　①入園料などの販売
　②公共による補助
　③会員や寄付

に三分されていると判断できた．欧米動物園は，第6章でも明らかなように会員制度を採用している園が少なくない．また，プロテスタント系の国では，税負担が低い反面，寄付が社会的な慣習ともなっている．これを日本に比すると，②＋③が公共支出に対応すると考えられるから，財政構造は異なるが，入園料金や園内販売収入は日欧とも3分の1程度と考えてよかろう．

（2）投資と動物のQOL

　動物園の来園者はリピーター比率が高い．動物園に行くのは一生に三度ある，といわれるが，じつは四度以上同一の動物園を訪れる比重は多く，上野，多摩ともに45%を超えており，半数近くを占めている．リピーターを誘因するにはリニューアルが効果的である．動物園はつねにその一部を改造することができる施設である．動物飼育は水を使って清掃することが多く，老朽化のテンポが早い．30年以上使える動物舎は少ないし，郊外型動物園は敷地や余裕も残されている．こうして部分的にリニューアルし，新規開設することによってリピーターを誘因することを可能にしている．施設をリニューアルしていかないと入園者はしだいに減少していく．

動物飼育施設のリニューアルへの要因は他にもある．動物のQOLを向上させることへの要請である．昭和40年代の来園者と現在のそれとでは動物に対する考え方が異なっている．狭くて古い動物舎は見た目にも嫌われるだけではなく，動物を大切にしていない印象を引き起こしてしまう．

動物園にとって費用負担が大きくなる要因には人件費の増加がある．飼育係の仕事は機械を導入したり，作業効率を飛躍的に向上させることはむずかしく，労働集約型なのである．加えて平成に入るころから，飼育係の仕事が大きく変化している．教育活動への参加，展示の改善，血統登録，動物の研究など，質量ともに増大している．これらの業務はいずれも知能労働型であり，飼育係への要請は変化しつつある．平成元年に私が飼育担当者数を調査したとき，全国87園で約1200人と推計したが，平成20年には約1800人に増加していて，職員数は増加せざるをえない構造がある．

(3) 管理委託から指定管理・法人化（独立行政）

昭和60年，広島市で動物園としては珍しい事件が起きた．当時，広島市は政令指定都市へ向けて市政の合理化を図っていたが，その対象として安佐動物公園があげられた．この動きは市民の世論を二分し，労働争議の様相を呈する．その結果，当時では数少なかった「協会」運営に移行した．大都市の動物園では初めてのことである．これ以後，新しくつくられる動物園はすべて公設民営となり，条例などで制約を加えながら民営化する管理委託方式が定着していく．当時の安佐動物公園長である小原二郎は，このときを回顧して，「職員の努力が否定された」と語っているが，管理委託への移行は，動物園の独立性にとって決定的なしこりを残した．公共機関から委託機関への移行は，それが自主性の剥奪に直結するとはいえないが，広島市の場合は自主性を剥奪されることを意味していた．この事件は，自治体と動物園との関係を変化させるターニングポイントでもあった．

平成18年から地方自治法の改正により指定団体に対する管理委託方式は廃止され，公共動物園の運営管理に民間が参入できる指定管理者制度が導入された．すでに管理委託されていた動物園の多くは，指定管理に移行するとともに，新たに東京都や大牟田市で指定管理方式が採用され，平成20年度から横浜市も加わることになった．指定管理者制度の目的は，基本的には経

費の削減と民間活力の導入にあり，指定期間が短いことから，安定した動物園の運営にとって適切である制度か否かは議論のあるところである．民間参入による刺激と運営の安定とはまったく対立する要因であり，これまで以上に動物園は試練に立たされることになった．

しかし，日本の動物園の問題を経営的視点から見たときに，最大の問題は動物園が自主的運営をした事例がほとんどないことにある．公立の動物園は個別的事情によって程度は異なるが，市長をはじめとした政治や経済，方針，人事にわたり基本的に市当局によって支配される．指定管理は今後の推移を見なければ断定できないが，さらにその支配を受ける程度が大きくなると考えられる．民間経営の場合でも，事情はやや似ている．多くの民間動物園は親会社があって，そのもとに動物園が運営されている．運営における動物園の独立性が保たれていないのである．運営における独立性の確保は，すなわち公共による支出をやめることを意味するのではないのは，独立行政法人を見ればわかる．

日本の動物園の発展を制約しているのは，理念から方針，財政，人事にわたって決定する主体としての動物園が確立されていないことにある．あらゆる場面で，行うべきことができないか，しにくい構造になっているのが現状であるが，その根本的な原因はここにあるといってよい．これからの経営上最大の課題は，財源を確保しながら自主的な運営をするための制度の選択をしていくことにあるといえよう．

（4）経営理念と経営方針

動物園が事業である限りその財務は経営の基盤であるが，あくまでも手段でしかない．いいかえれば，経営の本質は，利益を生み出すことよりも，動物園の役割をどれだけ果たしうるかにある．動物園の果たすべき役割は，それぞれの動物園で異なるのは当然であり，それぞれが選択すべきことがらである．現代社会で動物園に要請されているのは，レクリエーションの場であり，メッセージの伝達，自然保護への寄与など多様であろう．これらのうち，いずれを重点にし，経営の軸にしていくかは各園の問題であろう．しかしなにを重点にして資金を投入するか，そのためになにを犠牲にするかなどの決定権がないのである．動物園に関係する論者が，日本の動物園を指して，と

くに欧米の動物園と比べて，いわば「ナイナイづくし」的な批判をせざるをえない根拠は，じつはここにある．

(5) 収支の補助的役割

こうしたなかにあって，独特の役割を果たしている団体に動物園協会がある．日本で最初の動物園協会は東京動物園協会で，昭和23年に設立された．売店や食堂の利益を，東京都の動物園事業をバックアップするために使うことを目的にして設立された公益法人である．当時の自治体では実施困難な，機関誌の発行や図書・資料の収集，友の会の設立などを中心とした事業を行い，その貢献度は大きいが，動物園の財政基盤を支えるのはあくまでも東京都＝自治体であった．その後設立された全国の協会組織も，これをモデルにしている．混乱を避けるために付け加えれば，この協会は欧米の動物園の経営母体である動物学協会（Zoological Society）とはまったく性格を異にしている．

平成10年を過ぎるころから，企業との共同企画や寄付，市民からの募金などを動物園経営に役立てる動きが顕在化している．これらは，規制緩和の流れに源を発している．東京都の例では，平成18年から「サポーター制度」を導入して，寄付を募っているが，上野動物園の平成20年度の寄付は，490人537万円にとどまっている．サポーター制度は，市民と動物園との距離を縮め，動物園経営への参加意識を醸成する面で大いに役立っているが，財政基盤の重要な一翼を担うまでには至らない．おそらく，サポーターなどによる寄付の動きは，今後とも高まるではあろうが，あくまでも補助的役割の一端を担う程度にとどまると思われる．

動物園の財政の基盤はあくまでも公共による支出であり，これなくしては成立しない．しかし他面，このことが自主的な運営との関係を阻害してもいるのである．

第6章　海外の動物園

6.1　海外動物園の歴史

　動物を収集して見せるという行為は，古くから世界各地に見られる．古代殷帝国からアッシリア，エジプトに始まって，古代ローマ，中世ヨーロッパ，神聖ローマ帝国に至るまで，動物園の歴史が書かれている文献には定番のように登場し，前史として紹介され，こうした古代・中世の動物園史と，近代動物園とは区別してとらえられている．動物園はある時期を境に，「近代動物園」として再認識がなされたのであり，それはまたそれ以前の動物園が残されていないことも意味している．

（1）多様な源流

　近代動物園の成立は，こうした歴史的に形成された源流を，学問性，統一性，社会性の観点から見直したものであるといえよう．しかし，野生動物を収集・飼育し，場合によっては見せるという行為は，世界的に普遍的かといえば，必ずしもそうはいえない．典型的な例が日本であろう．ここに日本の動物園を研究するにあたって，おもにヨーロッパとの比較を試みなければならない理由がある．欧米社会が近代動物園を成立させるのにいくつかの源流があり，それをもとに近代という時代が，新たに構成された動物園を生み出している．

王侯貴族のコレクション

　もっとも有名なのは，王侯貴族のコレクションによるものである．王侯貴族によるものは，その個性に依存するから，個人の好みなどが反映していて，

歴史的に体系立てて述べることがむずかしく，伝えられる歴史は多分にエピソード的である．しかしそれらのエピソードに共通して見られることは，民衆に見せる・国際交流する・権威を表現するといった政治的性格である．コレクションのほとんどは，近代政治革命によって，その基盤を失われてしまい，わずかにオーストリアのシェルンブルン動物園などを残すのみであり，現代に残されている伝統は，その政治的性格と一部の施設だけであろう．

狩場

狩猟は庶民にとっては食の対象であり，貴族にとっては趣味の対象としてとらえられてよかろう．それゆえに，人口の増加により野生動物の生息地が狭められた14-15世紀あたりから，貴族の領地の一部に狩猟のための囲い込みが行われてきている．他面，そのことによって野生動物が保護される結果ともなった．ロビン・フッドの伝説は，こうした囲い込みに抵抗する庶民のあこがれでもある．15-16世紀に，ヨーロッパ全土の野生動物を壊滅的に減少させたヨーロッパ人の狩猟への熱き思いは，19-20世紀におけるインドやアフリカへの狩猟旅行，キツネ狩りやアナグマ狩りが21世紀まで残されていたことに表されている．

狩猟は危険なスポーツであり，肉体的に強い野生動物に立ち向かうことの表現であり，そしてまたそれに打ち勝つ人間の優位性の自己確認行為である．現代でもまだ狩猟によって野生動物が保護できると主張する人は後を絶たない．野生動物の生息数のコントロールという思想と狩猟は切り離せない思想である．加えれば，狩場を保護する行為が野生動物を守った結果ともなっているのは，政治と自然保護のパラドクスでもある．

動物遊び・闘争

動物に関係する闘争には，動物どうしと動物 vs. 人間とがある．古代ローマ帝国の猛獣との戦いという名の処刑，近世イギリスの動物いじめ，現在にも残るスペインの闘牛など枚挙にいとまはない．これらに共通するのは，動物の強さへのルサンチマンと血のにおいであり，博打と酒，賭博そして熱狂・興奮である．さらに加えれば男の社会である．近代動物園は，そのなかに家庭や子どもを引き入れることによって，幸いにもこうした残酷さから逃

192　第6章　海外の動物園

図 6.1　18 世紀イギリスのネズミ殺し（上）とウシいじめ（下）（長島，1987）．

れることができた．

庭園

　動物園史研究家の若生謙二によれば，貴族たちが狩猟地を囲い込み，パークにして，それを屋敷内の庭園と一体化して，そこに動物展示施設をつくり，招待客に見せたという．ここで明らかなのは，少なくとも郊外の公園は，動

物を見せることと密接に関連していることである．実際，動物園が公園の一部を構成する事例は多く見られ，公園と動物園との関係は現在においても連綿とつながっている．このことは，公園をつくり，そこで楽しむという思想が共通していることを示唆している．

農場・牧場

ヨーロッパが有畜農業社会であることはあらためて指摘しておく必要がある．動物を飼育し，使役して，食肉に供することは，ヨーロッパ社会で途切れることはなかった．牧畜は生産業であり，目的は明快である．それは品種改良を伴い，生産効率をもっとも重視する．ロンドン動物園の母体であるロンドン動物学協会が，発足当初から牧場主をスポンサーとし，品種改良や異種交配などの畜産学を含む動物学を発展させようとしたことは記憶しておかねばならない．

長い農場経営の歴史は，動物を飼育するという卓越した能力と経験を形成する．動物はまず飼育されるのであり，こうして蓄積された飼育能力の安定性は高い．

見世物・娯楽・サーカス

コレクションや庭園などが王侯貴族の独占物であったのに比べ，庶民レベルで日常的に見られる動物関連娯楽は，サーカスであり，見世物であろう．動物見世物の起源はつまびらかではないが，おそらく集落や都市が形成された古代から連綿と続けられていたと想像できる．

見世物やサーカスが動物園の形成と直接つながっているとは考えられないが，調教師たちの馴致・調教能力は，卓越したものがあり，共通した要素が想定できる．考えれば，パノラマ式展示の創始者であるハーゲンベックが，サーカスから始まった事実は興味深い．ハーゲンベックは，おもにアフリカから動物を捕獲し，馴致した後に，サーカスで使い，全世界の動物園に供給した．大衆社会化しつつあった20世紀初頭に，庶民のニーズに敏感であったことも独特の様式を生み出した要因であろう．珍しい動物を見せるだけではなく，庶民が手の届かないアフリカのイメージをパノラマ式展示によって演出して一時代を築いたのは，庶民のニーズに合わせて「見せる」ことに徹

したことと関係している.

動物学研究

　動物はキリスト教徒にとっては，人間と絶対的に区別された存在であった．神は動物を支配できるものとしてつくった．この観念は，しかしアフリカやアジア，南アメリカから，未知の動物たちが連れてこられるにつれ，「ノアの箱舟」に乗せられた動物たちとは異なった動物がこの世にいることが証明され，微妙に変化していく．解剖学はこの事実をさらに証明していく．とくに，チンパンジーやオランウータンがあらゆる面で人間に近似している事実は，動物と人間との距離の近さをあらわにした．動物学は，神によってつくられた動物を研究する学から，自然と動物の関係を探究する学へと変化しつつあった．フランス革命によってジャルダン・デ・プラントがパリ自然史博物館に衣替えして大衆化され，ロンドン動物学協会が誕生し，野生動物を手元に置きながら研究するために動物園を必要としたのである．

アリストテレスの動物学

　ギリシャの大哲学者アリストテレスは，『動物誌』という大著を残している．彼は，アレキサンダー大王が大遠征によってインド，北アフリカ，中東

図 6.2　ロンドン動物学協会本部.

などから集めた異国の動物たちを飼育・研究して，この著書を残している．こうした業績は，ローマのプリニウス親子にも引き継がれている．しかし，4-5世紀になって文明の中心がキリスト教やイスラム教の支配地に移るにしたがい，彼らの業績は忘れられた．近世のルネッサンスは，まず神からの人間の解放をめざし，人間の理性を強調する時代であり，動物学，解剖学や博物学の時代まで，動物学研究は日の目を見ることが少なかった．ヨーロッパにおける動物学の伝統は，長い中断はあったものの根深いものがあることをアリストテレスは示している．

源流から見る日欧の比較

動物園の源流をヨーロッパ社会に探るとき，そこに見られるのは，第1に野生動物を収集・飼育して，楽しむ，ときには見せびらかすといった執念の強さである．第2には，神や宗教との緊張関係から動物を探究する姿勢であり，第3には動物と切り離せない有畜農業の存在である．

翻って，日本にはこれらの要素は著しく欠けているといわねばならない．日本では動物を政治的に使うことはほとんどない．近くにはジャイアントパンダが日本に贈られてきて，それらの返礼としてタンチョウが贈られたが，これに注目した中国人は少ない．そうしたことを意識しないのが日本的ともいえる．宗教との関係でいえば，仏教や神道における動物の取り扱いは異なるが，そもそも強力な宗教的原理の観念が希薄である．哺乳類を飼育する伝統は牛馬に見られるが，その程度は比較になるまい．蹄鉄を使い，去勢が行われるようになったのは，明治時代になって畜産学が導入されて以後である．

動物園が輸入された都市施設であることはすでに述べたが，輸入されたということはそれまでこれに対応する概念が明確ではないことを意味する．動物園の精神的伝統における日欧の違いはここにあり，この事実は日本における動物園のあり方の基盤になっている．ちなみにアメリカの動物園史は，原生自然への憧憬とサーカスなどの見世物を基盤にしていると考えられる．いずれにしろ，日欧そしてアメリカそれぞれが歴史的基盤を異にしていることを強調して，あえていえば，日欧米の動物園はそれぞれ別存在としてとらえたほうがよいかもしれない．

（2）近代動物園の誕生

　近代を政治的に象徴する最大の事件が，1789年のフランス革命であることに異論はないだろう．これに引き続くナポレオンのヨーロッパ戦争によって，ヨーロッパ社会は大変質を遂げる．フランス革命以前の動物園と呼びうる施設は，すべてが王侯貴族の動物コレクションであったから，彼らの没落は，動物園の没落でもあった．野生動物のコレクションは，王侯貴族たちの権力やぜいたくの象徴であり，怨嗟の対象にもなったであろうことは想像できる．1792年，フランスのシャンティーにあったコンデ家の動物コレクションが奪われ殺されたことは，この時代の動物園の位置を示している．一方，ナポレオンとの政治的婚姻関係を取り結ぶことでなんとか王政を保つことができたオーストリア・ウィーンのシェルンブルンのコレクションは，滅亡を逃れることができた．19世紀初頭に焦点をあててみると，この時点で残されていた動物コレクションで現在まで姿を残しているものは，パリの自然史博物館（ジャルダン・デ・プラント）とウィーンのシェルンブルン宮殿の2つしか私は知らない．動物園の社会的位置は，フランス革命によって変わらざるをえなかったのである．ヨーロッパ動物園の歴史は，パリとウィーンを除いて一旦ここで途切れて，新たな衣で出発することになる．パリとウィーンの両コレクションの共通点は一般市民への公開である．

　近代社会の成立は多面的に語られるが，動物園についていえば，政治的には一般に公開されていること，経済的には特定の個人に頼らないこと，文化的には科学や体系性を持っていることを指標にしてよかろう．

　1826年にロンドンに動物学協会が発足して，リージェントパークの一角を王室から借り受け，1828年，ロンドン動物園が開園される．動物学研究を行う人たちが会員を募り，その会費をもって飼育場を始めたのである．ロンドン動物学協会の主要な目的は野生動物と畜産動物の研究を進めることにあり，入園は会員とその関係者に限定されていたが，当初の意図とは別に動物園はしだいに大衆的人気を得ていく．動物のコレクションは大英帝国の威信のおよぶ範囲から集められ，またウィンザー城やロンドン塔に収容されていた動物たちも集められ，充実していった．その一方で，ロンドン市民による「完全公開」を要望する声はしだいに高くなり，1847年から48年にかけ

て日曜日以外は公開されるようになる．ロンドン動物園が市民の人気を得て公開度を高めていく経過は，動物園の人気による発展という視点からきわめて興味深い．ちなみにロンドン動物園が日曜日の一般公開に踏み切ったのは，1940年のことである．

19世紀なかごろに全世界的に動物園が開園されていくが，このときにZOOという用語は成立していない．動物園はメナジェリーと呼ばれることが多く，メナジェリーは動物のコレクションと展示を合わせた言葉と考えてよい．ロンドン動物園は，ガーデンと呼ばれていた．

動物園の人気が大衆化される1877年，ロンドンのミュージックホールで「ZOOでの散歩はいいものだ」という歌がはやり，以来動物園はたんにZOOと呼ばれるようになった．今日ではZOOは世界共通語となっており，WAZAも自らZOOと名乗っている．

上野動物園はかつて英語でUeno Zoological Gardensと自称していたが，これはZOOという言葉が伝わっていない1882年に設立されていることと関係している．日本語の動物園の命名者である福沢諭吉は『西洋事情』のなかで，たんに「動物園」と呼んでその原語を記していない．メナジェリーという言葉は今日でもヨーロッパに生き残っていて，パリ自然史博物館では現在でもそのように呼んでいるが，アメリカではメナジェリーは古くさい動物展示場の意味であり，侮蔑語でもある．

ロンドン動物学協会の動物園がイギリスの動物園界に与えた影響は大きい．当時のイギリスには，有名な動物園として，ロンドン塔とウィンザー城の2つの王室経営によるものとエクスター・チェンジなどの民間の動物園があった．他方，この時代は，イギリス社会が動物の取り扱いをめぐって精神的にもゆさぶりをかけられる時代でもあった．18世紀後半から芽を出し始めた動物虐待への批判的まなざしは，1822年，動物虐待防止法の成立をみて，動物虐待防止協会の活動が開始される．こうしたなかでエクスター・チェンジの動物展示で人気のあったオスゾウ，チュニーが凶暴化したために殺されるという事件も起きる．野生動物は「公共的」性格を持った動物園で飼われるべきという気運が強くなっていく．そのころロンドン動物学協会が動物園を開園した．動物園を動物学協会が運営する方式は，1831年のダブリン，1835年のブリストルと続く．一方，19世紀の間にイギリスでは多くの動物

表 6.1 19 世紀に設立された世界の動物園（Kisling, 2001 より作成）

1828	ロンドン動物園	UK		1878	ライプチッヒ	ドイツ
1831	ダブリン動物園	UK		1881	ブッパタール	ドイツ
1835	ブリストル動物園	UK		1881	カラチ	パキスタン
1838	アムステルダム	オランダ		1882	クリーブランド	USA, オハイオ
1843	アントワープ	ベルギー		1884	リスボン	ポルトガル
1844	ベルリン	ドイツ		1887	メトロワシントン	USA, オレゴン
1855	マルセイユ	フランス		1888	ソフィア	ブルガリア
1858	リヨン	フランス		1888	ダラス	USA, テキサス
1858	フランクフルト	ドイツ		1889	ヘルシンキ	フィンランド
1858	ロッテルダム	オランダ		1889	国立動物園	USA, ワシントン DC
1859	コペンハーゲン	デンマーク		1889	サンフランシスコ	USA, カリフォルニア
1860	ジャルダン・ダクリリマシオン	フランス		1889	アトランタ	USA, ジョージア
1860	ケルン	ドイツ		1890	ディッカーソン	USA, ミズーリ
1861	ドレスデン	ドイツ		1890	セントルイス	USA, ミズーリ
1861	セントラルパーク	USA		1891	スカンセン	スウェーデン
1864	モスクワ	ロシア		1891	ジョンボール	USA, ミシガン
1864	サイゴン	ベトナム		1891	ミラーパーク	USA, イリノイ
1865	ブロツラフ	ポーランド		1892	アスカニア・ノーバ	ウクライナ
1865	ハノーファー	ドイツ		1892	ミルウォーキー	USA, ウィスコンシン
1865	セント・ペテルスブルグ	ロシア		1893	プロスペクトパーク	USA, ニューヨーク
1866	カールスルーエ	ドイツ		1893	セントオースチン	USA, フロリダ
1866	ブタペスト	ハンガリー		1894	セネカ	USA, ニューヨーク
1868	ミューリューズ	フランス		1894	ボタンウッド	USA, マサチューセッツ
1868	リンカーンパーク	USA, シカゴ		1895	ウォーバーン鹿公園	UK
1869	マドリッド	スペイン		1895	カルコフ	ウクライナ
1871	フィールコポルスキー	ポーランド		1896	カーリニングラード	ロシア
1872	ラホール	パキスタン		1896	デンバー	USA, コロラド
1872	ロジャーウィリアムス	USA, ロードアイランド		1897	セバストポール	ウクライナ
1874	バーゼル	スイス		1897	セントポールコモ	USA, ミネソタ
1874	フィラデルフィア	USA		1898	アラメダ	USA, ニューメキシコ
1875	ミュンスター	ドイツ		1898	ヘンリードーリー	USA, ネブラスカ
1875	バッファロー	USA, ニューヨーク		1898	ピッツバーグ	USA, ペンシルバニア
1875	シンシナチ	USA, オハイオ		1899	ブロンクス	USA, ニューヨーク
1875	ロスパーク	USA, ニューヨーク		1900	トレド	USA, オハイオ
1876	ボルチモア	USA, メリーランド		1900	バージニア	USA, バージニア

園がつくられるが，その過半は10-20年くらい続いた後に閉鎖され，長続きしていない．

　動物学協会による運営方式は，1838年のアムステルダム，1843年のアントワープ，1844年のベルリン，1855年のマルセイユ，1858年のリヨン，同年のフランクフルト，1860年のケルン，1861年のドレスデンと新興国プロ

イセンをはじめとして，ヨーロッパ全域に普及していく．

こうして動物学研究によって社会的信用を得ながら近代動物園は発展していくことになった．

この時代の動物園の発展は，いくつかの特徴を持っている．第1はスポンサーの問題である．イギリスの動物学協会は，上流階級，学者，地方農場主を中心とした会員と会費・寄付によっていた．新興勢力であるベルリンには，フリードリッヒ＝ウィルヘルムⅣ世とその子ウィルヘムⅠ世という強力な後ろ盾があった．第2には植民地との関係である．ヨーロッパ列強は，それぞれの植民地からこぞって動物を収集した．イギリスには英領インド（今日のビルマ，ミャンマー，パキスタンなどを含む），マレーシア，オーストラリアがあったし，フランスには中央アフリカ，オランダには西アフリカ，南アフリカ，インドネシア，南米ギアナが，そしてベルギーはコンゴを領有していた．植民地からもたらされる珍しい動物は，動物園の人気を高めるのに役立った．この時代の動物園史は，新発見，初渡来の動物に彩られている．ゴリラをはじめとする類人猿，インドサイ，オーストラリアからウォンバット，タスマニアオオカミ，ハリモグラ，アフリカからチンパンジー，キリン，カバ，クアッガ，シマウマ，北極圏からホッキョクグマなど今日の動物園を構成する動物種はほぼ1850年ごろまでにロンドンに到着している．19世紀ヨーロッパの動物園史は，新種と希少種によって彩られているのである．

(3) 世界に展開する動物園

植民地との関係でいえば，イギリス人は植民地のあちこちに動物園をつくっている．オーストラリアでは，1861年にはメルボルン，1883年にはアデレード，シドニー，1898年にはパースで，インドは古く1801年にバラックポールに動物園があるし，その後1854年にカルカッタ，1855年にマドラスを手はじめに19世紀中に15園，かつて英領インドと呼ばれたパキスタンでもラホール，カラチ，他にもイギリスの手によるものとしてはシンガポール，香港，アフリカのヒュームウッド，プレトリアなどあげることができる．19世紀につくられたものでは，フランスによるサイゴン動物園，オランダによるインドネシアのラグナン，ウィサタ，またブエノスアイレス，ブラジルのベーレム，サンサルバドルの国立動物園を数えることができるが，これらは

図 6.3 植民地時代の面影を残す香港動物園.

植民地への文化移入政策や移住するヨーロッパ人のための施設と考えてよい.

1871年, 普仏戦争に勝利したプロセインはドイツ統一を成し遂げ, 植民地戦争に本格的に参入する. それまでドイツは植民地を持たず, そのためベルリンの動物園のコレクションも充実していなかったが, トーゴーやカメルーンなどの西アフリカを領有し, ウィルヘルムⅠ世は動物園の強力な後ろ盾になっていく. こうして, プロセインの時代からドイツ統一初期までに多くの動物園が開園する. フランスにはほとんど新しい動物園ができていないのとは対照的である. この時期, 動物学は博物学の時代であった. つまり多くの分類分野の動物を網羅的に集めることが動物学協会の目標であり, コレクション競争が激化していく.

一方, アメリカの動物園の出発は遅く, 1865年にニューヨーク・セントラルパークに小規模に発足したのが最初とされている. フィラデルフィアではロンドン型の動物学協会が1859年に設立され, 資金難や敷地難, そして南北戦争もあって本格的な動物園開園にはこぎつけられないままであったが, 1874年に開園した. アメリカ初期の動物園で興味深いのは, フィラデルフィア動物学協会が, ニューヨークやシカゴを動物園とは認めない旨の発言を

していることである．動物園史家の佐々木時雄はアメリカでの動物園の発足が遅かったことについて，なにかにつけイギリスの制度を導入したがるアメリカに，ロンドン動物園ができて半世紀も動物園ができなかったことをいぶかって，ピューリタニズムとの関係を示唆している．しかしこの時代のアメリカは，サーカスや移動動物園がさかんに行われる一方，野生動物は開拓と農業の障害となることから排除の対象であった．またヨーロッパの王侯貴族などに見られるような絶対的権力者がおらず，南北の政治的対立も激化していてすべてに荒れていた．動物園が成立する土壌が整っていなかったと見るべきであろう．

　1865 年，南北戦争が終結して，アメリカでは動物園ラッシュが始まる．20 世紀までの 30 年あまりの間に 30 園を超える動物園が設立されている．

　イギリスとドイツの動物園をめぐる競争は，まずコレクションの競争であった．できるだけ多様な種を展示すること，できれば「あらゆる綱および目」を集めることが目標とされたのである．このようななかにアメリカ・ニューヨークにブロンクス動物園が誕生する．そしてカモノハシやジャイアントパンダなど，これまでどこの動物園も入手できなかった動物を展示していくのである．そしてこれ以後，ブロンクス動物園は幾多の人材を輩出し，全盛を迎えるのである．

図 6.4　オーデュボンソサエティが 1914 年につくったニューオリンズ動物園．

19世紀末から20世紀初頭にかけて，アメリカでは続々と動物園が開園している．アメリカのフロンティア（西部開拓）の消滅するのは1890年であり，しだいにアメリカ社会は成熟の時代を迎える．こうした国民安定がめざされる時代の反映として数多くの動物園が開園されていった．1880年から第1次世界大戦が終わる1918年までの間に開園した動物園は，51園を数えることができる．ほとんどの州に動物園ができたことになる．

（4）ハーゲンベックの動物園革命

19世紀までの動物は，殺風景な動物舎に入れられていた．柵や格子の檻，金網で仕切られた飼育展示場である．展示場の外側，つまり観客側は立派な庭園や樹林にあふれていて，動物との間には頑丈な鉄格子があった．強固な建物のなかに檻をしつらえていたり，さらに古いパターンだと，横穴式の檻や濠のなかに飼育するスタイルも見られた．

カール・ハーゲンベックが，1901年にハンブルグに開園した動物園が革命的といわれるのは，檻や柵，網の代わりに水堀によって動物を隔離したことであり，無柵放養式と呼ばれる．また人と動物の間だけではなく，草食獣と肉食獣の間にも堀を設け，両者があたかも同居しているかのような景観をつくりだした．観客から見ればいくつかの段層になって一望できるところからパノラマ式展示でもある．ハーゲンベック動物園は観客であふれるとともに，世界中の動物園関係者の注目を浴びた．しかしこの展示方式には広大な敷地が必要で，すでに開発された都市中心部では不可能であった．

第1次世界大戦が終わって安定がおとずれて，ハーゲンベックスタイルをふまえた動物園が現れ始める．

サンディエゴ動物園，シカゴ郊外のブルックフィールド動物園とロンドン郊外のホイップスネード動物園である．これ以後開園する動物園は多かれ少なかれハーゲンベックの影響を受けている．

ハーゲンベックの持つもう1つの意味は，ずっと後の現代になって姿を現してくる．それは自然のなかで動物を見せるという思想である．ハーゲンベック動物園そのものは，たとえばアフリカの自然を表現してはいないが，展示を自然的景観のもとに見せるという指向はこの時期から鮮明になっていくのである．

6.2 技術と思想——20世紀後半の動物園

　第2次世界大戦は，全世界を戦争に巻き込み，動物園の発展は停止した．しかし，終戦後の動物園は19-20世紀前半とはまた別の展開を遂げていく．それは動物をめぐる思想と動物園展示の技術において顕著に現れる．

（1）展示における技術と思想

　動物との間に檻や柵，網がないことが効果的であることを知った動物園人は，こぞって障壁を取り除き始める．鳥舎のなかに人を入れるウォークスルー型展示，電気柵で動物との間を遮る，さらに動物行動学を応用した心理柵などが開発される．サファリパークは，猛獣などのなかに車で乗り入れられるドライブスルーであり，強化ガラスは動物との間をさらに近づけることに成功させた．動物が観客を意識しないで自然にふるまう，動物と接近させる，こうした思想と最新の技術が，動物園の新たな展開をもたらした．擬岩技術の発展は，あたかも自然の生息地に動物がいるかのような景観をつくりだした．これらの事例は枚挙にいとまがないが，おもにアメリカにおいて開発されたといえる．

（2）飼育技術

　飼育技術や獣医技術も同様である．栄養学，薬学，家畜繁殖学，動物行動学などおよそ動物に関係のある専門家たちがこれらの発展に寄与している．その結果，多くの動物種ではもはや繁殖させることにはなんらの問題がない状況に至った．むしろ過剰な繁殖に伴う空間の制限などが課題となってきた．こうした新しい問題には集団遺伝学などを応用した新たな開発が求められるようになる．

（3）動物のQOL

　19世紀にイギリスで強まった動物虐待反対のうねりは，動物園をも対象とした．動物園廃止運動から，動物園を評価して勧告する動きなど，動物園動物へのまなざしは変化してきたが，動物園とこうした運動とは緊張関係を伴っている．動物の福祉，教育，種の保全などすべての分野においてチェッ

クされ，動物園側はそのうち合理性のあるものは受け入れるなどしている．こうしたなかで，20世紀末には"動物園の教育と種の保全"における役割への一定の評価と"動物の福祉へのたえざる向上"との関係である種の妥協点が見出されているようだ．また動物園の「倫理基準」を設定して，つねに1つ1つの動物園を評価して資格要件を満たしているか否かをチェックするシステムを採用しながら，自主的改善に努力したことによってこうした対立が少なからず緩和されてもいる．

（4）国際協力と世界組織（WAZA）

第2次世界大戦が終わった1946年，国際動物園長連盟（IUDZG）が発足した．IUDZGは，動物園の技術，倫理（研究）などの向上に多大の貢献をするが，欧米型の伝統的性格をも引き継いでいて，動物学の専門家である園長個人が会員資格となれる組織であった．1993年から，園長個人だけではなく動物園を会員とする世界動物園機構（WZO）とIUDZGが併存するかたちで改組され，その後WZOは水族館を含め，WAZAと改称して，今日に至っている．

WAZAが実施している事業は多方面にわたっているが，もっとも重要なのは動物園・水族館の方向を指し示すことにある．1993年，WAZAは世界動物園保全戦略を発表し，動物園の果たすべき役割を教育や種の保存，野生復帰，研究などとし，そのための理解とネットワークづくりを呼びかけた．2002年には，さらにコミュニケーション，持続的な資源利用，動物の福祉など現代的課題を付け加えたWZACS（世界動物園水族館保全戦略）に改訂させている．この戦略は動物園を倫理的にもさらに高いレベルまで押し上げる目標を示すとともに，動物園への理解に向けたキャンペーン的要素も持っている．

希少種保存の分野では，IUCN（国際自然保護連合）やCBSG（保全繁殖専門家集団）などとの協力のもとで，事業を進めている．事業の重点は，国際的な動物園ネットワークを形成して，各地域の繁殖計画を成功させるために情報提供し，助言することに置かれている．その手段としてISIS，ZIMSなど希少動物の登録システムやSPARKSなど運用ソフトを開発して，世界の動物園に提供している．

動物園の国際関係は、協力-共同的ではあるが、一面微妙な問題をはらんでいる．倫理や教育に関しては、地域での温度差があるし、種の保全に関してはブロック化の傾向も見られる．とくに後者については、動物の移動が容易であることから、北米、ヨーロッパ、アジア・オセアニアなどがそれぞれのブロックで地域繁殖計画を定めているが、ブロック外への移動はやや閉鎖的であり、部分的には差別的でもあり、これらの問題は地域保全調査委員会を設置して協議せざるをえないことにも表れている．

6.3 世界の動物園

（1）ヨーロッパの動物園

二度にわたる世界大戦はヨーロッパの動物園に甚大な被害をもたらした．ベルリン動物園は戦闘の場と化して砲火にさらされ、ほとんどの動物が死亡した．ハンブルグなど他のドイツの都市も空襲を受けた．戦争の被害が比較的少なかったのはイギリスの動物園であるが、海上封鎖が長く続いたため新しい動物はほとんど入っていない．

戦後ヨーロッパの動物園の特徴は、いち早く種の保存に取り組んだことにある．とくに絶滅寸前にあったシフゾウ、モウコノウマ、オカピ、アラビアオリックスなどヨーロッパの動物園が中心になって保全計画を進めた．こうした実績をふまえて、1986年になってヨーロッパ飼育繁殖計画（EEP）がスタートしている．

イギリス

イギリスの動物学協会の会費の多くは、貴族、牧場主、資本家によるものであったが、戦争による経済的損失や貴族階層の没落、旧植民地の独立などによって、財政的基盤は揺さぶられた．戦後イギリスの動物園は、伝統的基盤を持ちこたえながらゆっくりと復興していくことになる．

動物学協会とは別に、戦後イギリスでは個人の出資による特徴的な動物園が2つ誕生している．作家のダレルによるジャージー動物園（1959年）と企業家によるハウレッツ動物園（1966年）である．いずれも郊外型動物園

図 6.5　ジャージー動物園（赤見朋晃撮影）.

で，種の保全を主目的にして，とくに後者はゴリラの保全をめざして特筆すべき活動を行っている．

　1991 年，ロンドン動物園は閉鎖の危機におそわれる．大口会員や寄付の減少，経費の増加などによる財政赤字が累積した結果である．この危機は，動物園の公共性，研究の重要性，ロンドン動物園の伝統などを全世界に訴えることや，政府による資金援助によって乗り切ることができたが，財政基盤の重要性をあらためて示す事件であった．これをきっかけに，ロンドン動物園だけではなく，動物学協会経営の多いイギリスの動物園は体質的転換を図らざるをえなくなる．

ドイツ

　戦後ヨーロッパでもっとも復興が早かったのは，破壊されたドイツである．とくにベルリンでは，東西ドイツに分けられ，陸の孤島となり，それゆえ逆にアメリカを中心とした西側諸国の援助のもとに置かれ再生した．フランクフルト動物園はまた先進的な動物学研究で有名であり，やはり戦争で破壊されたが，ミュンヘン，ニュルンベルグ，ハーゲンベックなどとともにゆっくりと復興した．また戦後ドイツでは，デュセルドルフやシュツットガルトなどいくつかの動物園が新たに開園している．

図 6.6　膨大なコレクションを誇る東ベルリン動物公園（赤見朋晃撮影）．

　一方，旧東ドイツでは，1955 年，ベルリン動物公園（Tierpark Berlin-Friedrichefelde）がベルリン動物園を勝る規模で開園し，卓越した指導者ダーテ園長によって多くの学問的業績を残していく．

その他のヨーロッパの動物園
　大戦後のヨーロッパの動物園は大きく明暗を分けている．破壊され，荒廃した動物園を，巨大な費用をかけて再建するか，それほどまでして動物園をつくる方向には進まないのかの選択であろう．
　すでに見たイギリスとドイツは，戦後動物園を再興させるばかりでなく，全国各地に多くの動物園を開園させている．オランダもアムステルダム，ロッテルダムなど戦前からの動物園に加え，1971 年にサル類に焦点をあてたアペニール動物園が開園しているし，エンメンの動物園は教育展示を改善して有名になった．オーストリアはシェルンブルンを維持したほか，アルプスの地理的特質を生かしたアルペン動物園やザルツブルグ動物園をつくりだし

図 6.7 エンメン動物園の教育的展示（赤見朋晃撮影）.

ている．その他，スウェーデン，デンマークなど北方系の諸国にも動物園ができている．

ロシアを含めた東欧諸国には，古くから動物園があった．旧帝制ロシアのモスクワ，セント・ペテルスブルグ，キエフ，セバストポールなどの主要都市では，19世紀に西欧，とくにフランスの文化的影響を受けて動物園は開園しているし，ロシア革命をはさんでスターリン時代にかけて多くの動物園ができている．

チェコ，ハンガリー，ポーランドなど旧東欧諸国は，第1次世界大戦以前の帝制から，小国分立，ドイツによる侵略，そして第2次世界大戦以後の社会主義化，さらにソ連邦の解体というめまぐるしく変わる政体によって翻弄されている．その間，数多くの動物園を開園し，継続している．ソ連邦の解体以後の急激な資本主義化の時期に閉園の危機に見舞われた．なかでもポーランドのポズナン，ハンガリーのブタペスト，チェコのプラハは古い施設ながら伝統の重みがあり，プラハはモウコノウマの繁殖園として有名である．

一方，南西ヨーロッパ，すなわち南フランス，イタリア，スペインなどのラテン系諸国の動物園は，概して新しい展開をしていない．これらの諸国は，海洋文化圏，ラテン，カソリックといった特徴を持ち，いずれも優れた水族館を持っているが，動物園に関する諸課題に対する熱意があまり見られない

のは別の意味で興味をそそられる．

（2）アメリカの動物園

20世紀に入って動物園ブームはやや沈静したが，1829年の大恐慌後のニューディール政策に公共事業としての動物園建設が採用され，トペカ，シカゴ・ブルックフィールド，リンカーンパークなど大小の動物園が建設された．戦前から戦後にかけて開園したアメリカの動物園は，公共事業によって建設されたハーゲンベックスタイルを導入した展示を強調するものと，アメリカの伝統ともいえるアミューズメント重視の動物園とが優占している．後者の例としては，ブッシュ・ガーデン（1959年）やワイルド・サファリ（1972年）がある．

1980年代には，動物の生息地を模倣した展示設計が試み始められた．この魁となったのはジョン・コーを中心として設計されたシアトルのウッドランドパーク動物公園である．現在では，ランドスケープイマージョンとして動物園関係では知らぬ者のない展示設計である（第3章参照）．景観，植栽，土質など動物だけではなく，生息地の環境をいかに再現するかが問われ始めた．この展示は90年代に入って，ピッツバーグ，ミルウォーキー，デンバーなどでの改造計画に導入され，以後，現在に至るまでアメリカ全土でランドスケープイマージョン・スタイルの動物園に向けた改造は進められ，大動物園のほとんどがこの方式を採用するに至っている．

他方，1998年に開園したディズニーのWild Animal Kingdomもまたエンターテイメントの高さで世界を驚かせた．ゴリラの展示などランドスケープイマージョンの手法を生かしつつも，ゾーンによっては自然環境とは離れたパフォーマンスを行うなど，ディズニーならではの動物園をつくりあげた．

ニューヨークのブロンクス動物園は，ニューヨーク動物学協会による経営のもとに置かれていたが，1993年，経営母体を野生生物保全協会（WCS）にして，ブロンクス動物園も野生生物保全公園（WCP）の名を併記することに見られるように，保全活動に焦点をあてた運営に大きく舵を切った．1999年にオープンした「コンゴ・ゴリラの森」は展示，演出，福祉，教育，生息地の保全のいずれをとっても世界最高水準の施設である．

このようにアメリカの動物園は，世界の動物園を領導しているといえるが，

図 6.8 ゴリラ・コンゴの森——ニューヨーク・ブロンクス動物園（若生謙二撮影）.

　それらを特徴づけているのは豊富な資金力と自己開発能力，分野の専門家の共同作業，卓越した指導者，そして自己規制能力の高さである．
　環境エンリッチメントも 1980 年代にアメリカで開発された「理論」である．動物たちの精神生活を向上させるためにメトロ・ワシントン動物園で始まった環境エンリッチメントは，当初は飼育担当者の小さな行動であったが，1990 年代には全世界へ広がり，環境エンリッチメントの考え方を取り入れない動物園はないという普遍性を獲得するに至っている．
　アメリカ動物園水族館協会（AZA）に加入している動物園は，2008 年現在百数十園にのぼる．世界的に見ても多い数であるが，動物園文化の普及度からすれば，日本や中国と比べて多いとはいえない．しかし，アメリカにはこれに数倍するほどの地域動物園（road side zoo）がある．これらは，AZA に加入しないというよりは加入できない．すでに述べた倫理要綱や加入基準のハードルを越えられないのである．

（3）アジア・オセアニアの動物園

　アジアの動物園はイギリスをはじめとする旧植民地宗主国のつくった動物園に発しており，それゆえに古い．ヨーロッパにおいては，19世紀までにはほとんどの野生動物は絶滅していて，動物園はおもに外国（exotic）産の動物を展示するものと考えられ，近代動物園が成立している．アジアにおいてヨーロッパ人が動物を飼育するのは捕獲輸送，風土馴化，飼料のほとんどを現地調達できるから，動物園は容易につくることができる．インドで最初にできた動物園といわれるバラックポール公園のメナジェリーがどのようなものかは知られていないが，あちこちに動物園が建設されるのは1840-50年代であり，多くは旧王国の領主の資金で宗主国が指導してつくられた．

　1854年のインドのカルカッタ，1855年のマドラスから始まり，1864年のサイゴン，ジャカルタ，1871年の香港など，19世紀にはインドを中心に20を数えることができる．

　第2次世界大戦前のアジアでは，1906年の北京，ラングーン，1909年のソウル，1915年の台北，1923年のバンコク，1928年のジョホールバルなどの主要都市に散在していた．

　戦後アジアの動物園文化は，中国と日本を中心に一変している．人民共和国となった中国では，動物園は市民の健全なレクリエーションの場，ピクニックの場として奨励され，中国動物園協会加盟の動物園は1950年までは9園であったが，1950年代に40園近くと主要都市にいきわたり，その後も順調に増えて，2006年現在には170園を超えている．

　数だけを比較するなら，アメリカを超えて最大の動物園国家である．そのほとんどは省や市政府によるもので，財政的には安定している．中国は他方，野生動物資源国で，亜熱帯から寒帯，森林，乾燥，高地のほぼすべての気候区分帯を持っているから，自国の動物だけでも十分に動物園は成立するという利点を持ち，こうした資源をもとにアフリカ，北南米，オーストラリアの動物園と交渉して世界各地の動物コレクションを持ちうる．ジャイアントパンダ，キンシコウなどを有料で貸し出すなどした資金を，国内の希少動物保護に振り向けるなどしていて，繁殖技術も飛躍的に向上させている．

　日本を除くアジアの動物園は，自国に豊富な野生動物資源を持ち，その保

護に力を入れている．また南方系の動物園であれば，暖房施設が不要だという利点もあり，人件費の負担も軽いことから運営は比較的容易である．近年注目を集めたのはシンガポールのナイトサファリであり，豊富な土地を利用して，1994年，夜間専門の動物園を開園して世界から利用者を集めた．

オーストラリアでは，19世紀にイギリスの手によりメルボルン，アデレード，シドニーで開園され，かつてイギリスによって移入され爆発的に繁殖したラクダやアナウサギから有袋類を守るための保護活動を進め，おもに1960年代からは教育部門を中心に他地域，とくにアジア諸国と接近し始め，現在ではSEAZAとともに共同したブロックを形成している．またシドニー動物園はゴリラの飼育と繁殖でも多くの実績を上げている．

（4）アメリカ・ヨーロッパ・アジア

現代世界の動物園をリードしているのはまぎれもなくアメリカの動物園である．とくにニューヨークの動物学協会が卓越した発想を持つW.コンウェイのもとでWCSと名称を変更して，野生動物保護の旗色を鮮明にして，さらにその方向は強まった．ランドスケープイマージョンの流れ，教育重視の傾向は，こうした動きと連動して進められている．ここに見てとれるのは，強烈な使命感であり，「あるべき動物園」の方向性の呈示である．世界の動物園は，こうした方向にはほぼ同調的であるが，温度差は各地域によって異なっている．

ヨーロッパ大陸の動物園は，動物学研究を基盤にして保護と教育のバランスをとることに重きを置いていて，また財政的基盤の問題もあって共同分担して個別の動物種の保護プログラムを進めており，アメリカとは一線を画している．

オーストラリアはアメリカと同じ路線を進みながら，アジアと協力するという観点からアメリカと別の道を歩んでいる．巨大な中国は自国の動物の保護とレクリエーション需要に対応しながら，アジア諸国の動物園と共同歩調をとりつつある．

第7章　日本の動物園

7.1　種の保存

　日本の国家的事業で，動物園の役割を位置づけている事例はほとんどないといってよい．動物園を直接規定する法が存在しないことは，国家による規制もなければ助成もないことを意味している．行政的には完全に地方自治体の独自行政の分野なのである．唯一の例外は平成7年に環境関係閣僚会議で決定された「生物多様性国家戦略」であり，そこには「動物園は，専門家を有し，……野生動植物種の生息域外保全に資することができる機関である」と位置づけられている．生息域外保全とは，すなわち飼育下での繁殖に他ならない．

（1）域外保全

　絶滅の危機にある野生動物を動物園内で繁殖させ，種としての生存を絶やさず，場合によっては野生に再導入するという考え方が日本において最初に俎上にのぼったのは，トキが危機的状態におちいった昭和30年代である．東京都の3動物園は，昭和43年に「トキ保護実行委員会」を組織し，翌44年から文化庁の委託を受けて近似種の繁殖，人工飼料の開発など本格的な保護活動に着手した．環境庁の管轄になってからも，技術協力から職員の現地派遣などを通じて貢献している．こうして得られた技術を基盤に，その後中国で再発見され，日本にもたらされたトキの飼育下繁殖に役立てている．

　ニホンコウノトリについても同様で，わずかな流鳥を除いて国内では絶滅したニホンコウノトリを，多摩動物公園では日中国交回復とその後の北京動物園との交流と保護個体を基盤に，昭和63年から繁殖に成功して，その後

も順調に繁殖させ，その技術をふまえて現在行われている豊岡市での野生復帰に貢献している．

福岡市動物園では，平成11年からツシマヤマネコの保護・増殖事業に着手して，翌年繁殖に成功している．福岡市での繁殖事業が順調に推移して，平成18年度からは感染症などによる危険を避けるために各地で分散して飼育するなど，野生復帰に向けた取り組みが進んでいる．

外国産種では，横浜市の動物園がカンムリシロムクの繁殖に成功したのをはじめとして，国際機関と協力した保護・増殖活動も進められている．

このように日本産動物の域内保全については，環境省・文化庁などとの協力のもとで，動物園は全面的に貢献し，またそれが可能な社会的環境も形成されているといってよい．

環境省の「生物多様性国家戦略」の対象はいうまでもなく国内産種についてであり，国外産の絶滅危惧種の保全は動物園の独自事業で，しかも地方自治体に貢献することが第1とされる場合が多いので，国外の希少種の域外保全事業には地域外と国外という二重のハードルがある．この事業に動物園がかかわりを持ったのは，平成元年に策定された東京都のズーストック計画であった．野生動物の多くが減少し，とくに希少種では原産地からはもとより

図7.1 各地で分散飼育されるツシマヤマネコ——井の頭自然文化園（さとうあきら撮影）．

欧米の動物園からも輸入するのが困難になりつつある一方，日本の繁殖事例が少なく輸入超過になっていることを背景にこの計画は策定され，多くの動物園の賛同を得ながら進められている．日本動物園水族館協会のかかわりについては後に述べるが，ズーストック計画を期に日本動物園水族館協会の種保存委員会の活動が活発化し，定着したといえよう．

しかし種の保存という観点の定着が計画自体の成功に直結するわけではない．そこには解決しなければならない問題が山積しているし，国際的な課題との軋轢もある．

まず最大の問題は，そもそも飼育していても繁殖に成功した事例が少なく，このままでは日本の動物園から消えてしまうおそれのある動物種が少なくないことである．ゾウ2種，ゴリラ，ホッキョクグマ，スマトラトラ，コアラなどがその例としてあげられる．とくにゾウは移動が困難であることから，動物園間の交流がむずかしく，問題をさらにむずかしくしている．これらの動物種は飼育するのを断念するか，抜本的な解決策を出すかの岐路に立っている．

ある特定の動物が繁殖するとその子どもは原則として他の園に出される．なぜなら，その園には両親がいるから，ペアの相手には限界がある．その子どもを他の園に出そうとしても，その動物の飼育困難度，展示価値（人気），飼育スペースの大きさなどによって受け入れ園がない場合がある．第2の問題は，日本の動物園全体を合わせても，飼育できる空間にも限界があるということだ．

これとは逆に，前記の条件を満たせば新たに飼育を希望する園はいくつもあるという動物種もある．動物種が比較的人気のある種に偏在する傾向がある．たとえばレッサーパンダは現在53園約250頭，ユキヒョウ12園27頭であり，これらは増加傾向にある．後者の分類に入る種といえよう．前者の例としては，シフゾウ，モウコノウマ，ニホンコウノトリなどをあげることができる．日本の動物園では，ゾウ，食肉目，サル（類人猿），キリンが人気で，有蹄類や鳥類は概して人気度が低い．特定種に偏在しがちであること，また繁殖技術が向上すればそれなりに新しい問題も発生する．

こうした活動にとって，動物たちの個体管理は必須の事務である．

血統登録は，飼育下の希少野生生物種の情報を集め，おもに遺伝的管理を

図 7.2　豊岡で放鳥されたニホンコウノトリ（さとうあきら撮影）.

図 7.3　野生では絶滅したといわれるモウコノウマ——多摩動物公園（さとうあきら撮影）.

行うためのシステムで，個体の経歴（出生，捕獲，両親など）が登録されている．国際的なシステムと国内（地域）のものとがあり，重層的に管理されている．1932 年にヨーロッパバイソンの登録から始まり，1957 年にシフゾ

図 7.4 佐渡で放鳥されたトキ（成島悦雄撮影）．

ウ，1959 年にモウコノウマと続き，1967 年から国際動物園長連盟（IUDZG）が参加して本格化している．1971 年からはコンピュータシステム（ISIS）を取り入れている．情報は種ごとに任命された登録担当者が，世界の園から集めた情報を ISIS（国際種登録機構，現在は ZIMS にシステム変更）に送り，そのデータをもとに繁殖計画を実行する．登録する園は「担当者」に毎年報告する義務があるとともに，動物を移動する場合には承認を得なければならない．実際には，動物の世界規模での移動による繁殖計画には困難がつきまとうので，地域的な繁殖計画（たとえば日本，中国，北米，ヨーロッパなどの単位）によって実行されることが多い．こうした地域ごとに同様の登録担当者が置かれ，計画を管理している．

　日本国内では，日本動物園水族館協会の組織として「種保存委員会」がこれを担っている．各園の職員が分担して種ごとに担当者となって登録・管理している．種別管理者は，各園からの報告を受け，飼育状況を把握するとともに，園間の移動を指示したり，血統的に適切な配偶機会をアドバイスしたりすることができる．現在，日本動物園水族館協会では 130 種を超える動物

の血統登録を実施している．

（2）野生復帰

　域外保全は，絶滅危惧種の個体群確保を行うもので，展示・普及と種の確保という意味があるが，同時に野生下で絶滅したり，地域的に絶滅した場合に，野生復帰する目的を持っている．

　明治以後，日本の固有種で絶滅した日本の動物は少なく，ニホンオオカミ，エゾオオカミ，ニホンカワウソ，オガサワラガビチョウなどを数えることができるが，これらはいずれも飼育下で現存していない．日本国内で絶滅した種は，ニホンコウノトリ，トキがあり，地域的には九州のニホンツキノワグマ，対馬・下島のツシマヤマネコ（わずかに生き残っている可能性もある）などだが，個体数が減少して絶滅する危険が高くなっている種は少なくない．現状では，飼育下で組織的に繁殖させているのはニホンコウノトリ，トキ，ツシマヤマネコと北方系ワシ・タカ，小笠原産の絶滅危惧種に限られている．ニホンコウノトリ，トキに関してはそれぞれ兵庫県・豊岡市，新潟県・佐渡市・環境省が実施主体となって野生復帰のための事業を行っており，そのなかで動物園の果たした役割は大きい．動物園で蓄積された飼育・繁殖技術が復帰のためのセンターで生かされている．ツシマヤマネコは野生復帰までは至っていないが，繁殖基地としてまた技術蓄積の場としての役割を果たしている．野生復帰事業は，一方では生息域環境の改善など地元の意思が環境省など多くの関係者との協力のうえで初めて成り立つものであり，動物園はそのための補助的役割を担うと位置づけられる．

　外国産種の野生復帰については，多くのプロジェクトが進行しているが，対象地域が途上国であることから欧米諸国の動物園などを中心としたものである．日本国内で繁殖が順調で，諸外国のプロジェクトが動いている種については今後の課題といえる．

（3）域内保全――動物たちが生息できる環境

　動物園が単独で野生動物の生息地環境を含めた種の保全活動を行うのは，困難な仕事である．とりあえず飼育動物がいるので，動物園本来の業務をないがしろにしているといわれかねない．域内での保全活動は，環境省や研究

機関，地元自治体の主導のもとで動物園は補助的役割を担うケースがほとんどである．

ところが広島市に安佐動物公園が開園した昭和46年，同園は広島県内でオオサンショウウオの野生調査を開始した．安佐動物公園のスタッフは，こうした野外での観察を通じて1979年，飼育下での繁殖に成功するとともに，こうして得られた知見をもとに，生息している河川にオオサンショウウオの人工巣穴を設置して，自然繁殖に役立てている．この活動の実績は地元住民，自治体もこれらに参加するに至っていることである．

その後も散発的ではあるが，地域の野生動物の保全活動へいくつかの動物園が参加してきた．しかし生息環境の改善に直接関与したケースは少ない．平成18年，東京動物園協会は，東京都から4つの動物園の指定管理を受けたのを機に，野生生物保全センターを設立した．これは東京都に生息する絶滅危惧種を保全するためのセンターとしての役割を果たすとともに，ボルネオオランウータンを中心とした希少種保全プロジェクトに参加する意思を表明するものでもあった．東京都はその区域に「東洋のガラパゴス」といわれる小笠原諸島を抱え，また多摩地域の里山が消滅の危機にあり，これらを保全する方法を模索するものでもある．

図 7.5 オオサンショウウオを動物園内で飼育する——安佐動物公園（さとうあきら撮影）．

安佐動物公園の活動は特筆すべきものであったが，これはおそらく初代園長の小原二郎とスタッフの強力なボランティア精神が生み出した例外的な存在であろう．私はかつて日本動物園水族館協会総会の席上で一園一種保全活動を呼びかけたことがある．動物園近郊の里山になら必ず保全すべき種がいるであろうから，そうした種への取り組みを通じて，動物園による域内保全は不可能なことではないと思われる．

7.2 関係機関との連携，地域社会との結びつき

(1) 大学・研究機関

戦前・戦後を通じて動物園と研究機関のつながりは希薄であった．動物に関係する研究機関はほぼ産業界に目を向けていたし，野生動物を飼育することに力を向けていた動物園にとっても研究機関との連携を意識することはまれであった．わずかに細々とつながっていたのは獣医学の領域で，治療や解剖などの場合に研究機関に依頼する程度であった．

特異な例としては日本モンキーセンターの研究部があるが，これも独立した霊長類の研究を行うという性格が強く，動物園の展示や飼育に寄与する役割を果たしたかは疑問が残る．

こうした状況に変化が起き始めるのは，獣医学の分野からである．昭和47年に来日したジャイアントパンダは，メスの発情期間が短くわかりにくく，また同居させることの困難さなどがあって早くから人工授精が試みられており，大学との協力のもとで実施されている．しかし，研究者と臨床獣医とのスタンスの違いはいくつかのもつれを生んでいて，大学との連携上の問題を浮き彫りにする結果ともなった．

状況を大きく変えたのは，畜産工学の発展である．分子生物学や生物科学は，昭和末に飛躍的発達を遂げ，先端科学となったが，それとともに動物関係工学も発達し，畜産，獣医に関係する動物学的発達も著しいものがあった．こうしてこの分野の学問は動物園が経験によって積み上げてきた延長とは離れていく一方，動物園はこれらの成果を取り入れ始める．獣医学の分野では，病理，生理などの検査，臨床など多くの分野で協力が進められており，畜産

工学でも DNA 解析による近縁度の判定，性別判定，精子・卵の冷凍保存などの分野で先端技術が取り入れられている．野生動物学においても，行動学の応用，環境エンリッチメントの向上など顕著な成果を上げてきている．動物関係の学問領域の拡大と研究者の増加によって，日本の動物園における先端科学の技術の導入は切り開かれ，また年々質・量ともに増加している．

他方，計画，設計，展示デザインなどの芸術や来園者調査などのマーケティングなど，これまで飼育部門に限られていた領域だけではなく，協力関係は拡大している．

動物園で飼育されている動物の多くは，野生では絶滅が危惧されている種であり，彼らの存在は動物園の私有動物であるという性格とともに，もはやそれを超えた社会的資源となっている．彼らを長期生存させ，繁殖の機会を増やし，死後もさまざまな研究に役立てるべきであろう．動物園は，飼育動物についての社会的責任を負っているといわねばならない．他方，増加する研究者も同様の責任を持って動物たちに対応すべきであろう．

こうした両者の自覚を前提にした協力関係の樹立が今後望まれる．

（2）地域との連携

動物園の主要な活動が，動物の持つメッセージ発信とそれを通じた教育活動であるとするならば，地域との関係が重要である．教育活動はただ 1 回の，あるいは数回の接触によっては容易になしえないからだ．よくいわれる言葉に"人は一生に四度動物園を訪れる．幼児，遠足，親，祖父母として"がある．しかし，これによっては動物園の目的を達成するのは困難であるといわねばならない．そのためには，地域に焦点をあてた活動や学校との連携，ボランティアなどによる動物園への参加を動物園活動の基本に位置づける必要があろう．

地域に焦点をあてた活動とは，たとえば昭和 40 年以後に郊外進出した動物園であるならば，失われつつある里山の再生や地域種の保全などがありうる．広い意味では，地域に焦点を絞った活動，地域活動への参加など地域に親しまれ，存在意義を示すことのできる日常的活動が必要である．

こうした地域活動の一環でもある学校との連携は，動物園での観察などの授業の取り込み，出張授業や教員との継続的な関係の形成などを通じて，日

常的な動物園との接点をつくりだすことを通じた教育活動の実質化などが考えられる．

ボランティアなどについても，動物園のために役立つという観点からだけではなく，運営への参加意識や協同の視点も必要であろう．

動物園が地域活動を行うのは，教育効果の向上にとどまらない．そもそも日本の動物園の多くは地方自治体の独立した事業であり，それゆえ，地方財政支出によってあがなわれている．動物園の存在には市民的な了解と精神的な支援が不可欠なのである．動物園は市民に親しまれることによって成立してきたといって過言ではない．民間のいくつかの動物園は財政難におちいり，地方自治体の経営に移行することで再生した例をいしかわ（金沢），到津や宮崎フェニックス，松江フォーゲルパークに見ることができるし，また横浜の野毛山のように廃止予定の計画が市民の運動によって覆された例もある．その条件は異なるが，いくつかの試練に見舞われたものの，いずれも地域住民の運動によって救われている．こうした事例は市民との密着性の結果でもある．

さらに重要なのは前節でも述べたように，希少動物を預かる社会的責任である．動物園には生きた動物がいて簡単に閉鎖するわけにはいかないが，同時に地方財政も浮沈があり，公共の動物園であっても閉鎖の可能性がないわけではない．しかしその鍵は市民が持っている．動物園側からする「動物園を残さねばならない」といった一方的な主張ではなく，残さねばならないと市民が思う実績や責任を果たすという視点が必要なのである．

動物園はまたその地域の文化を象徴するともいわれる．地域の文化尺度が動物園によって計られてしまうこともある．動物に対する市民の感性の変化，いいかえれば動物観の変化に対しても敏感でなければならなくなってきている．

7.3　職員の育成

日本動物園水族館協会の年報によれば，平成 20 年現在で動物園に勤務している職員は約 3000 人程度で，そのうち飼育関係職員は約 1800 名程度と推計できる．動物園の経営や運営形態によって，職員の身分や勤務状態が多様

なのでいささか正確さに欠けるかもしれないが，約60%が飼育系である．実際，飼育業務は，労働集約型で合理化がむずかしいから，動物園職員は飼育系に偏在せざるをえない．他方，動物園の業務は近年著しく多様化しており，新しい業務に対応する人材も，飼育系に求めざるをえない．こうして飼育技術職員を中心とした人材活用・育成が急務になってきている．

かつて飼育係の仕事は，管理者や収集や渉外など一部を除いて動物を飼うことに専念していれば事足りていた．こうした状況に変化が現れ始めたのは，平成に入って教育部門を独立させる傾向が見られてからである．とはいえ，これらもまったくの教育専門家ではなく配属先としての教育であり，いつでも飼育係へ異動可能な職員が多い．その他，動物関連事務（動物の収集，履歴管理，渉外など）も，業務の多様化に応じて専門化している．

（1）技術の高度化

飼育業務の特殊性は，相手が生きものであり，マニュアル化しにくいことにある．短期間に技術を習得するのは容易ではないが，しかしそれ抜きには現代的な要請には応えられない．この矛盾を解決するには，職員の適性を見抜き，専門分野を確定するのが必要だ．ひとくちに動物といっても哺乳類から昆虫まで多岐にわたり，哺乳類だけとってみても，草食，肉食，サル類など区別すればきりがないが，これらすべてに対応する能力を身につけるのは無理がある．5-6年程度の基礎的な技術習得期間の後に適性を見出して専門分野を絞っていくことを考慮すべきであろう．そのことによって業務の能率化を図っていく．留保すべきなのは，この方法はあくまでも技術の高度化を目的としたものであることだ．

技術の高度化は現場業務に限らない．文献やオン・ザ・ジョブなどによって新たな知見を得ることもできるし，実験的な試みも必要である．そのためにも焦点を絞った研究を推奨すべきであろう．

マニュアル化しにくい飼育業務であるが，単純労働時間を短縮することによって，時間を生み出していく努力がキーとなる．研究や観察の時間を生み出し，新たな業務に対応していくのが必須である．

（2）内部の努力と外部との連携

このようにして生み出された時間を活用して新たな業務へと振り替えていくことは必要であるが，いくつかの分野では職員の潜在的能力の限界を超える場合が少なくない．とくに先端技術の分野においては，大学や研究機関との連携は急務である．遺伝子解析，精子や卵の冷凍保存，感染症対策の分野ではもはや動物園での技術開発では追いつかない．一定の専門的知見は必要であり，これらの分野では連携のためのカウンターパートとして職員を位置づけなおしていくのがよいであろう．マーケティングや各種のデザインの領域でも同様である．

教育や環境エンリッチメントは，動物園独自の領域であるが，専門的力量はまだ十分ではない．動物園での教育活動は，学校教育の手法とは異なっており，インタープリテーション活動が社会的にも評価を受け，活発になっていることからも，この分野での交流を推進すべきである．動物行動学の進歩も著しく，この分野の研究者と連携して環境エンリッチメントを活発化するのは不可欠であろう．

このように動物園の外部にあるさまざまな能力を導入して動物園を活発化することはきわめて重要である．動物園はこれまで社会的な閉鎖環境にあったといえる．貴重な野生動物資源を展示や飼育目的に限定して独占使用してきた．人的にもほかの世界と隔離されてきて，それでも運営は可能だった．

動物園への社会的評価は，かつてのレクリエーション一辺倒からズーストックや教育活動，展示などの展開によって大きく変わってきた．しかしこれらに対応する技術はいまだ成熟の域に達していないし，動物園の持っている可能性へ各方面の専門家のまなざしは熱くなってきている．こうした観点から，職員の育成を行わなければならない管理者の責任は重いものがある．

（3）園長・管理者の役割

動物園の園長や職員はどういう「人種」なのか，というのはなかなか一般には知られていない．「動物好きの人」という印象は共通してあるようだが，それ以上になるとやや誤解されて，「獣医師」という程度の理解が一般的のようだ．

昭和30年代，動物園の園長はどうあるべきかという「園長論」が話題になったことがある．この話題は最近では見られなくなったが，今日の日本の動物園を見ると再考してよい問題である．

園長論

昭和30年代に神戸の王子動物園で園長を務めた山本鎮郎は，園長の要件として，①まず技術職員でなければならず，②教育者，③動物の研究者，さらに管理者，経営者であり，園全体のことについて情報と経験を持っている必要がある，と述べ，無限の仕事があるという．山本の表現によると，職員全体が持つあらゆる側面において知悉していなければならない，あるいはそれが理想であるとなる．

上野の古賀忠道園長は，職責については山本ほど網羅的に述べていないが，ほぼ同様のことにふれ，なお加えて欧米の例をひいて公募による園長の選任が必要であると示唆している．また，短期間で園長を変えずに長期にわたる在職が必要だとしている．

アメリカの数カ所の動物園に飼育係や飼育課長として勤めた川田健は，日本の動物園に関して多くの苦言を呈している．なかでも園長について，「業務を統括するばかりではなく，将来の方向を指し示す責任が与えられている」として，「日本には園長と飼育係の間に立つ専門性をそなえた人たちの層が薄く，まして園長になるとその傾向に拍車をかける」と述べている．

彼らの主張の共通点はなによりもまず，動物や動物園についての専門家が園長であるべきだということであろう．すでに述べたように，現代動物園における管理者の役割は重要である．園長という役職だけではなく，職員との間の中間管理職においても長期的視野に立って，現場の仕事を理解した職員育成ができる管理者が必要であることは間違いない．蛇足的に述べると，日本の公立動物園の園長は，事務系が半数を占めており，残りの半数以上は，獣医師であるが，そのなかの半数は動物園出身者ではない．要するに，動物園で経験を経て，その実績を買われて園長になった事例は少数派なのである．これはたんに公立の行政内での人事上の問題だけではなく，動物園にいる潜在的な園長，すなわち園長や飼育部門の管理者になりうる人たちの努力不足でもある．

職員の育成

動物園での仕事は，職員個人に依存することが多い．飼育であれ展示であれ，動物舎のなかに入れば，実際の仕事に直接関与できるのは，職員しかいない．園長をはじめ上司は，助言や指導はできるが，自分で仕事を替わることはできないし，最終的に動物と対応するのは飼育係員だからだ．ここで話をわかりやすくするために一般的な飼育係の態勢についてふれておくと，現場の職員配置には，大きく分けて2つのパターンがある．ゾウや群れで飼育している場合のグループによる班体制と一人（ペア）で飼育を受け持つパターンである．前者は，4-7人程度で構成されるが，この場合は全員が共同で仕事にあたる．したがって，リーダーによる指導・指示がなされる．後者の場合は，2人がそれぞれおもな1種もしくは数種の動物を担当して，休みの日にはもう一人の職員が交代する．これは代番と呼ばれていて，実際にはこのケースのほうが多いといえよう．この他，規模や態勢に応じていくつかのバリエーションがあるが，おおむねこの2つのパターンを基本にしているといってよいであろう．いずれの場合でも，現場に入れば職員の自主的な対応が中心とならざるをえない．管理者から見れば，指導や指示が行き届かないことが多い結果とならざるをえない．つまり動物園の職員は，個人の資質と努力に依存して成り立っているといえよう．

平成に入るころから動物園の飼育係は人気の職業になってきた．その関係からであろうか，飼育係になることが若い人たちの目標となっているように見受けられる．しかし職業につくのは目的ではなく出発点でしかない．飼育係の仕事は，すでに述べたように自由度の高い仕事である．また日常的な飼育業務は淡々としていて，作業の連続であり，大きな変化は少ない．短い期間ではっきりとした成果が見えないから，成果から職員の自己評価がむずかしい．その分だけ職員のモチベーションを保ち，向上していく不断の管理が必要なのだ．

7.4 日本動物園水族館協会

（1）発足と戦前の活動

　昭和14年，京都市が全国の動物園長会議を提唱して，第1回の園長会議が開かれることになった．当時の課題は，欧米諸国との緊張関係や日中戦争の長期化という状況にあって動物の食糧確保や代用飼料，外国産動物や天然記念物の動物の確保，動物種の名称統一，畜養員（飼育員），全国の都市で戦争の拡大にそなえた空襲時の対策などであったが，最初の会議であったこともあり，33項目もの多岐にわたっている．この席上，恒常的な機関として日本動物園協会を設立することが決定された．

　実際に発足したのは，同年11月であり，名称も日本動物園水族館協会とし，会長を公爵鷹司信輔に依頼して，事務局は上野に置くことになった．発足に参加した動物園16園館と園長は以下のとおりである．

　　仙台市動物園　佐々木惣五郎（仙台市）
　　上野恩賜公園動物園　古賀忠道（東京市）
　　遊亀公園付属動物園　小林承吉（甲府市）
　　東山動物園　北王英一（名古屋市）
　　京都市紀念動物園　長田寛三（京都市）
　　大阪市動物園　林　佐市（大阪市）
　　阪神パーク動物園　加藤正彰（尼崎市）
　　私立宝塚動物園　藤木　元（兵庫県）
　　神戸市立動物園　甲斐軍喜（神戸市）
　　栗林公園動物園　香川松太郎（高松市）
　　福岡市紀念動物園　河野　晋（福岡市）
　　到津動物園　外井信彦（小倉市）
　　熊本動物園　出田行男（熊本市）
　　鴨池動物園　梶原重盛（鹿児島市）
　　李王職昌慶苑　下郡山誠一（京城市）
　　台北市動物園　赤松　稔（台北市）

他に水族館からは，中ノ島水族館（静岡県三津浜），市立堺水族館（堺市），阪神パーク水族館（尼崎市）が参加しているが，水族館としてはごく一部ではある．そして翌昭和 15 年 6 月に第 1 回の協議会が開催された．参加者は 18 名と記録されている．

この協議会では，動物の名称統一を検討していて，統一にあたって動物園での飼育動物の調査を行っている．当時の動物飼育の状況がわかって，きわめて興味深いので，おもな哺乳類を紹介する．ただし，種数は，各園で呼称がまちまちなので，重複しているものもあるし，正確な種名が今日ではわからないものも少なくない．

　［霊長目］クロショウジョウ（黒猩々，チンパンジー）7，クロザル 14，サキモンキー（サキ）1，ショウジョウ（猩々，オランウータン）1，マンドリル 2 など 60 種名．
　［食肉目］ウンピョウ 1，クマネコまたはパンダー（熊猫，レッサーパンダ）3，ホッキョクグマまたはシロクマ（ホッキョクグマまたは大型クマのアルビノかは不明）など 79 種名．
　［偶蹄目］カバ 16，キリン 6，ウマシカ 3，タテガミシカ 1 など 47 種名．
　［奇蹄目］ナンベイバク 1，シマウマ 11 など 12 種名（ほとんどウマの品種）．

他に，長鼻目 3，貧歯目 3，翼手目 3，食虫目 1，有袋目 12 があげられている．霊長目，食肉目，偶蹄目とゾウが展示の中心であったことがよくわかる．今日，日本の動物園で飼育されているゴリラ，マレーバクなどを見ることはできない．

こうして設立された日本動物園水族館協会だが，昭和 18 年の猛獣処分の発令を境に活動は停止された．

（2）戦後の復活

日本動物園水族館協会の復活は早く，敗戦の翌年 5 月には総会を開催している．当初の協議テーマは，食糧や動物舎の資材の確保と動物の収集であった．昭和 22 年から 23 年にかけては上野の斡旋でニホンツキノワグマが各園

に送り出された．日本動物園水族館協会としては，昭和23年に北海道からヒグマを共同購入して各地に配分している．また昭和24年にはカモ類，翌25年にはアシカを輸入するなどした．戦後，動物たちが少なくなった動物園に，とりあえずは日本産の大型獣，さらに国際交流がやや復活した時期に外国から輸入していった経過がよくわかる．以後，毎年の総会は継続して開催されていて，昭和28年には獣医・飼育技術者研究会，同31年に水族館技術者研究会が開催され，とくに古賀忠道会長の念願であった学術誌「日本動物園水族館雑誌」が，昭和34年に創刊されるなど技術研究を整える事業が中心となっていく．この間，動物繁殖賞や技術研究への表彰制度も設立されている．

（3）執行体制と事業の展開

事務局は戦後しばらくの間，東京動物園協会内に置かれていたが，独立した後，全国を6ブロックに分け，自主的地域的活動を行えるようにするとともに，事務局とは別に運営委員会を置き，専門的な業務に対応できるなど態勢はしだいに確となっていく．

種の保存事業

この事業における日本動物園水族館協会の役割は，血統登録と各園の行う事業の調整，全体的な指導である．昭和59年，種の保存計画に向けた取り組みを開始して，国内血統登録システムを採用した（7.1節参照）．

倫理要綱と加入資格

昭和63年に制定された倫理要綱は，日本動物園水族館協会への加入資格とともに今後重要な位置を占めると思われる．要綱に掲げられている項目は，収集，飼育・研究，展示などごくごく一般的な規程であり，とくに説明するほどのことはないが，問題はこれらの解釈および適用である．動物の飼育・展示を取り巻く社会的環境はこの数年大きく変化しており，より厳密な適用を求められざるをえない．たとえば，「飼育・研究にあたっては種の保存，動物福祉に配慮し」とあり，どの程度を指標にするかは明確ではないし，おそらく細かな規定を与えても，社会的変化に応じて変更をせまられることに

なろう．

　第2章で述べたが，民間経営の動物園は，経営的に厳しい状況にあるし，小自治体も財的危機に直面していて，施設の改善など投資的行為がむずかしい状況に置かれている．また動物ショーなどへの目も厳しくなってきていることから，会員園館への指導も微妙な段階にあるといってよい．日本動物園水族館協会加入の動物園は，そのことによって社会的評価を受けており，有形無形の利益と信用を得ているところからも，倫理要綱を適用する倫理委員会の位置は重くなりつつある．

国際的な動向との関係

　国際的な動物園界における日本の立場は微妙である．日本には現在約90の動物園が日本動物園水族館協会に登録されていて，これは中国，アメリカについで数としては世界第3位である．しかしWAZAは欧米中心の体制となっており，日本を含めたアジア諸国の置かれている地位は低い．主要な園が自立した体制になっていないことや，言語的障害が大きいことなどが根底にあり，キリスト教的使命感にあふれた欧米諸国とは討論になりにくい．

　他方，アジア諸国で形成されているSEAZA（東南アジア動物園協会）からは積極的な参加を求められている．先進動物園は欧米であり，その理論と技術は捨てがたく，反面地域的にはアジアと連帯していくのが当然でもあるからだ．WAZAを中心とした世界的な動物園理念→戦略の統一の方向と具体的保護の方法としての地域保全戦略→地域ブロック化，こうしたなかでアジアの動物園は全体に反発を覚えつつも，オーストラリアなどと協力体制を築きつつあり，日本の動物園はそのなかを浮遊している．こうした日本の動きにWAZAに象徴される欧米の主要動物園は困惑を隠せないが，視点を変えてみれば有効な方法なのかもしれない．

　国際的な問題として卑近な例をあげると，国際的な個体情報システムであるISISは，コンピュータ技術の発展と高度化への要請からZIMSへとシステムを変更したが，その際に会費が増額されている．ISISの時代にあっても，参加しなくても各園の運営上はそれほどの支障が生じないためもあって，10園弱の加入しかなかったが，システムの変更に伴い参加園が減少している．

7.5 これからの動物園

（1）複雑な課題を単純化する

 日本の動物園が抱える課題は多い．いや多すぎるといってもよいであろう．WAZA の「世界動物園水族館保全戦略（WZACS）」では，現代の動物園の課題を網羅的に掲げているが，この戦略を直接に日本に導入しようとすればおそらく混乱におちいるだけであろう．

 日本における動物園への大衆的需要は，第1章でも見たとおり，かなりはっきりとしている．民間においては特別なテーマに焦点をあてるか，サファリ，子ども対象のふれあい中心などであり，公共にあっては郊外の地域総合型，子ども動物園型である．このように見ると例外は上野と天王寺であり，この両者は広域誘致型といえよう．観光客誘致型のものは旭山を除いては，伊豆半島に残るのみである．

 課題の多様化と混乱との関係でいえば，打開の道は，課題の単純化であろう．そうすることによる弊害は少なくないが，混乱を脱するには旗色を鮮明にして，そのもとでの職員の意思一致を図ることのほうが利益は大きいと思われる．

① [子ども動物園・地域密着型] 比較的小規模であり，地域の子どもたちに密着して，ふれあいなどを中心に子どもの教育に特化していく．
② [サファリ型] 多くの施設は山間部に近いところにあり，利用者のアミューズメント需要に応えていて，比較的経営状態も安定しているが，施設も動物園も陳腐化する傾向が見られることから，投資意欲の有無と内容が今後を左右すると思われる．
③ [特殊型] 市原ゾウの国や熱川バナナワニ園などであるが，蓄積された技術を生かして個別の分野での展示やサービスを向上させる．
④ [総合的な動物園（郊外型）] 日本の動物園の中心的存在となっている．展示，教育，自然保護など自らの課題を明らかにして質的向上を図るべき施設である．

WAZA の「世界動物園水族館保全戦略（WZACS）」

　WZACS では，現代の世界動物園が抱えている課題と「使命」が詳細にされているが，日本における動物園の課題を示しているわけではない．いいかえれば，やるべきことと現在とくに重点的，集約的に行うことが区別されていないのであり，これは WZACS の戦略的性格からしてやむをえない．とすれば，当面日本の動物園が行うべき重点課題を，動物園の現状をふまえてどのように設定するかにある．これは日本動物園水族館協会と各園とが同時に並行して模索し，決めていかねばならない．とくに各園がどこに重点を置いて事業を進めていくのかを自ら定めていくことがキーになるであろう．

（2）開かれた動物園とメッセージ性

　社会的に注目を受けている日本の動物園は，その分だけ閉鎖的になりやすい．飼育係の仕事の内容，技術についても自分の殻にとどまって完結することも可能である．しかしこの閉鎖環境は，1つには希少野生動物を飼育していることによる社会的責任の発生，さらにメッセージ性を高めなければならないという動物園内部からの必要性などによって，しだいに開放されつつある．とくに展示や教育を通じてメッセージ性を高めなければならないとすれば，自ら意識的に開放性を高める努力が必要になってくる．マスメディアや地域社会，学校，研究機関に対して開かれなければならないと同時に動物園の内部に対しても同様であり，職員や組織内部での自由な交流によって切り開いていく必要があろう．

　国際社会との関係においては，ブロンクス動物園の本田公夫，アメリカの動物園を歴任した川田健，作家の川端裕人などにより，日本の動物園との"落差"が強く指摘されている．彼らの批判の特徴は，とくにアメリカの動物園を基準に置いて，そことの"落差"を埋めることへのもどかしさを感じているところにある．戦前期にあってもヨーロッパの動物園と比較して落差を指摘した石川千代松や川村多實二などの論客と相通ずるところがあるし，元京都市動物園長の佐々木時雄も同様であった．

　他方，SEAZA は欧米動物園の方向と見解を受け入れつつも，これらに先進国的な蔑視のまなざしを感じて反発しており，日本の動物園，とくに日本動物園水族館協会へ SEAZA への積極的なかかわりを要請している．

冷静に見てみると，動物の取り扱いや展示，親和性などをめぐって社会との緊張関係を保ち続けてきた欧米社会と異なり，動物との関係は比較的"軽い"のが日本社会だといえる．人間と動物の関係はまずその関係の置かれている社会との関係をぬきにしては語れない．欧米の歴史的文脈や精神を「かっこ」に入れて技術を中心に輸入したのが日本の得意技であった．技術分野における"マネ"は別にして，精神や倫理を共有するのはむずかしい．

創設以来，130年に近づこうとしている日本の動物園は，こうした状況をふまえて新しく出発しなければならないと思われる．日本の動物園が脱皮するには新しい動物園像を形成する必要があるが，旭山，上野，多摩などの試みを見る限り今後の日本の動物園の方向性を示唆しており，これらの動物園を中心軸として批判的検討の上に成立すると思われる．

（3）経営基盤の確立

平成元年と平成21年とを比べると，民間（公設でない）の動物園の比率は36.3%から23.6%へと低下している．平成に入って民間動物園の経営者はしだいに投資意欲を失い，施設の更新が行われないことによって来園者が減少する悪循環におちいり，撤退し続けている．動物園の主流は公設動物園へと傾斜している．

公設動物園が公共の予算に依存しているのは当然であるが，自治体が動物園に一定の予算を投下するのは，おもにそこが健全な子どものための施設であると認知されているためであろう．日本の動物園は「子どものため」という考えに依存して成立しているといっても過言ではないのだ．動物園の入園料金が600円を基準としており，他方，動物園の歩んでいる展示，教育，自然保護などの方向は明らかに大人向けである．

この2つの事実は，日本財政支出の理論的基盤をめざすべき方向の矛盾として現れる．

公設動物園の管理は，自治体直営と指定管理によるものと分けられ，両者はほぼ同数であるが，現在のところこの両者の間の経営的な大きな違いはめだっていない．これは管理の違いはあっても，自治体による直接的な支援と制約を受けていることに違いがないからだと思われる．動物園が独立した戦略を打ち出せず，専門家がなかなか育たない，自由度が低いなどといわれる

のは，自治体の財政，人事，方針すべてにわたる制約や独自の人材が育ちにくいことと関係しているのである．

　このような構造から，なおかつ現状を打開する道はある．まず第1には，スポンサーである自治体の理解度を高めていく不断の努力と態勢の確保である．動物園のプロパー職員が本庁組織に位置づけられているのは東京都と横浜市に見られるが，これはその有力な方法であり，こうした人材によって自治体の政策に動物園を明確に位置づけなおすことが必要であろう．第2には財政支出や人事権を自治体による裁量から一定程度切り離すことであろう．すでに見たように，自治体による財政支出ぬきには日本の動物園は成立しえないから，一定の支援を受けつつ経営を切り離す独立行政法人などが考えられる．いずれにせよ自治体の理解が必要であり，それを解決するのは動物園人による努力によってしか切り開かれないといえよう．

参考文献

赤木一成，レオポン誕生，講談社，1974.
秋里籬島，攝津名所圖會巻二，pp. 256-257，臨川書店復刻，1974.
秋田市大森山動物園，未来へ，秋田市大森山動物園，2003.
秋田市大森山動物園，秋田の動物園，秋田市大森山動物園，1993.
阿久根巌，サーカスの歴史，西田書店，1977.
青木宏一郎，江戸庶民の楽しみ，中央公論新社，2006.
アリストテレス，島崎三郎訳，動物誌（上，下），岩波書店，1999.
旭川市旭山動物園，開園20周年記念誌，旭川市旭山動物園，1987.
朝倉無声，見世物研究，思文閣出版，1988.
浅倉繁春，「動物園・水族館の将来像」，博物館研究，Vol. 16，No. 3，pp. 9-17，1981.
浅倉繁春，「動物園概論」，明日の動物園・水族館，Vol. 1，pp. 2-36，日本動物園水族館協会，1984.
浅倉繁春，動物園と私，海游舎，1994.
熱川バナナワニ園，熱川バナナワニ園30年の歩み，熱川バナナワニ園，1989.
Baratay, E. and E. Hardouin-Fugier, ZOO, Reaktion Books, 1997.
Bell, C. E., ed., Encyclopedia of the World Zoos, Vol. 1-3, 2001.
Chafus, J., ZOO 2000, BBC, 1984.
千葉市動物公園協会，不思議の国のZOO，ひとなる書房，1994.
Coe, J. C., Landscape Immersion, AZA Annual Conference Proceedings, 1994.
Conway, W., The Changing Role of Zoo in the 21st Century, The Annual Conference of WZO, pp. 1-8, 1999.
Crandall, L. S., Management of Wild Mammals in Captivity, The Univercity of Cicago Press, 1974.
Croke, V., The Modern ARK, Scribner, 1997.
Curtis, L., Zoological Park and Aquarium Fundamentals, A. A. Z. P. A., 1968.
動物園唱歌，同盟書店．［発行年不明］
愛媛県立道後動物園，道後動物園記念誌，愛媛県立道後動物園，1988.
遠藤悟朗，子ども動物園，フレーベル館，1978.
遠藤秀紀，「動物園の未来像」，生物科学，Vol. 55，No. 3，p. 129，2004.
福田三郎，「動物飼育の記録から（1-4）」，市政週報，Vol. 152, 153, 154, 157，1942.
福田三郎，動物園物語，駿河台書房，1953.
福田三郎，実録上野動物園，毎日新聞社，1968.

福岡市動物園,福岡市動物園 50 年の歩み,福岡市動物園,2003.
福沢諭吉,福沢諭吉選集.第 1 巻,岩波書店,1980.
Gold, D., ZOO, Contemporary Books, 1988.
芳賀徹,大君の使節,中央公論社,1968.
春山行夫,満洲の文化,大阪屋號書店,1943.
橋爪紳也,日本の遊園地,講談社,2000.
林丈二,東京を騒がせた動物たち,大和書房,2004.
ヘディガー,H.,今泉吉晴・今泉みね子訳,文明に囚われた動物たち,思索社,1983.
東山公園協会,東山動植物公園とともに歩んだ 60 年,東山公園協会,2009.
日立市かみね動物園編,あゆみ,日立市公園協会記念事業実行委員会,1988.
本田公夫,「日本の動物園の現状と課題」,畜産の研究,Vol. 60, No. 1, pp. 183-198, 2006.
堀田進編著,動物園で学ぶ進化,東海大学出版会,1978.
堀田進編著,続・動物園で学ぶ進化,東海大学出版会,1982.
池田啓,「自然保護センターとしての動物園」,遺伝,Vol. 54, No. 5, pp. 21-23, 2000.
井下清,「市民生活と動物園」,市政週報,Vol. 152, pp. 208-211, 1942.
井上雅子,「タンチョウの保護」,畜産の研究,Vol. 60, No. 1, pp. 65-68, 2006.
犬塚康博,新京動物園関係資料,博物館史研究,第 4 号,pp. 29-38, 1996.
石田戢,「日本の動物園の将来を考える」,ジャパンランドスケープ,No. 35, pp. 32-33, 1995.
石田戢,上野動物園,東京都公園協会,1998.
石田戢,井の頭自然文化園,東京都公園協会,2000.
石田戢,「動物園機能論」,博物館機能論,雄山閣出版,pp. 169-174, 2000.
石田戢,「現代日本動物園の課題」,畜産の研究,Vol. 54, No. 1, pp. 225-230, 2000.
石田戢,「存立基盤からみた動物園」,遺伝,Vol. 54, No. 5, pp. 11-14, 2000.
石田戢,「公立動物園の経営と経営形態」,動物園研究,Vol. 8, No. 1, pp. 10-13, 2004.
石田戢,「多摩動物公園における学校教育と連携した学習支援活動」,公園緑地,Vol. 64, No. 6, pp. 29-33, 2004.
石田戢,「変わる動物園展示」,遺伝,Vol. 59, No. 4, pp. 67-72, 2005.
石田戢,「日本の動物園からみた多摩動物公園の特筆」,都市公園,No. 182, pp. 4-7, 2008.
石田戢ほか,「上野動物園入園者の意識と実態」,都市公園,Vol. 86, No. 6, pp. 22-32, 1984.
石川千代松,石川千代松全集,第 4, 5, 7 巻,興文社,1936.
伊東員義,「世界動物園水族館保全戦略」,畜産の研究,Vol. 60, No. 1, pp. 57-64, 2006.
鹿児島市平川動物公園,開園 30 年の歩み,鹿児島市平川動物公園,2003.
梶島孝雄,資料日本動物史,八坂書房,2002.

神社司廳, 古事類苑 48 動物部, 吉川弘文館, 1970.
柏岡民雄, 動物園論, 林影社, 1935.
川端裕人, 動物園にできること, 文藝春秋, 1999.
川端裕人,「沈黙の動物園大国」, 遺伝, Vol. 54, No. 5, pp. 36-40, 2000.
川田健, アメリカの動物園で暮らしています, どうぶつ社, 1988.
川田健,「動物園の長期繁殖計画」, どうぶつと動物園, Vol. 1991, No. 5, 7, 8, 9, 1991.
川村多實二,「動物園と水族館」, 自然科学, No. 1, pp. 103-145, 1926.
川村多實二,「動物園の職能と様式」, 文藝春秋, Vol. 16, No. 3, pp. 6-9, 1936.
川添裕, 江戸の見世物, 岩波書店, 2000.
Kirchshofer, R. ed., The World of Zoos, Batsford, 1966.
Kisling, V. N. Jr., Zoo and Aquarium History, CRC Press, 2001.
北王英一,「東山動物園について」, 公園緑地, Vol. 1, No. 1, pp. 25-28, 1937.
神戸市王子動物園, 諏訪子と歩んだ 50 年——王子動物園開園 50 周年記念誌, 神戸市王子動物園, 2001.
古賀忠道,「動物飼育講座」(全 10 回), 公園緑地, Vol. 3, No. 1-Vol. 4, No. 6, 1939-1940.
古賀忠道, 私の見た動物の生活, 三省堂, 1940.
古賀忠道,「動物園の経営」, 明窓, Vol. 4, No. 1-2, 1953.
古賀忠道, 欧米動物園視察記, 東京動物園協会, 1953.
古賀忠道,「動物園長論」, 博物館研究, Vol. 36, No. 9, pp. 7-9, 1963.
古賀忠道,「動物園と"博物館法"並びに"動物保護及び管理に関する法律"について」, 博物館研究, Vo. 14, No. 5, pp. 14-17, 1979.
古賀忠道, あたりまえでありたい (1)-(54), 西日本新聞社, 1983.
古賀忠道ほか,「動物園を語る」, 博物館研究, Vol. 17, No. 9, pp. 16-26, 1982.
古賀忠道先生記念事業実行委員会編, 古賀忠道——その人と文, 古賀忠道先生記念事業会, 1998.
小泉丹, 動物園, 岩波書店, 1937.
国立科学博物館, 国立科学博物館百年史, 第一法規, 1977.
小森厚,「動物園水族館の研究活動について」, 博物館研究, Vol. 34, No. 11, p. 11, 1961.
小森厚, 我が国の近代博物館施設発達資料の集成とその研究——明治編, 日本博物館協会, pp. 251-264, 1964.
小森厚, 動物を飼育する, 紀伊國屋書店, 1964.
小森厚,「動物園における展示法序論」, 博物館研究, Vol. 39, No. 3, pp. 23-31, 1967.
小森厚, 上野動物園, 東京都公園協会, 1981.
小森厚, もう一つの上野動物園史, 丸善, 1997.
近藤典生, 近藤典生, もうひとつの世界, プロセスアーキテクチャー, 1992.
小菅正夫・石田戢,「人は動物の何に魅かれるか」, ヒトと動物の関係学会誌, Vol. 16, pp. 35-43, 2005.
熊本動物園, 動物園ものがたり——熊本動物園 60 周年記念, 熊本動物園, 1984.

久米邦武編，米欧回覧実記 1-5，岩波書店，1982．
黒川義太郎，動物園日誌，上野動物園所蔵，1908-1932．
黒川義太郎，動物と暮らして四十年，改造社，1934．
黒川義太郎，動物談叢，改造社，1934．
久留米市鳥類センター，半世紀のあしあと，久留米市鳥類センター，2005．
草野晴美，「動物園での学校向けプログラム」，動物園での教育を考える——シンポジウム・ワークショップ報告書，pp. 71-78，2003．
桑原一司，「域外保全活動」，畜産の研究，Vol. 60，No. 1，pp. 69-73，2006．
京都大博覧会，風俗畫報，臨時増刊号，Vol. 94，挿畫，東陽堂，1895．
京都市動物園，京都市動物園 100 年のあゆみ，京都市動物園，2003．
レジャー産業資料編集部，「過疎化対策と野生動物保護を結びつけた"サファリ"構想」，レジャー産業資料，Vol. 8，No. 9，pp. 102-110，1975．
レジャー産業資料編集部，「九州にみる三つの自然動物公園の現状と問題点」，レジャー産業資料，Vol. 10，No. 1，pp. 122-133，1977．
三戸幸久，「野猿公苑の消長と将来」，野生生物保護，Vol. 1，No. 3/4，pp. 111-126，1995．
宮嶋康彦，だからカバの話，朝日文庫，1999．
溝口元，「動物園・水族館と動物学——その史的展開」，生物科学，Vol. 55，No. 3，pp. 171-180，2004．
森銑三，明治東京逸聞史，平凡社，1969．
村田浩一，「日本の動物園における研究」，生物科学，Vol. 55，No. 3，pp. 137-143，2004．
無藤隆，「子どもにとって生き物とは」，動物園・水族館での教育を考える，pp. 13-18，2003．
長島伸一，世紀末までの大英帝国，法政大学出版局，1987．
中川志郎，動物園学ことはじめ，玉川大学出版部，1975．
中俣充志，「国都に築く大動植物園」，新満州，Vol. 4，No. 9，pp. 68-71，1940．
中俣充志，「新京動植物園の建設計画」，博物館研究，Vol. 13，No. 2，pp. 3-4，1940．
中村元，東洋人の思惟方法，第二部「日本人の思惟方法」，みすず書房，1949．
中野美代子，「米欧回覧実記」における動物園見学記録と動物園観，「岩倉使節団米欧回覧実記」の科学技術史研究第 1 分冊，pp. 9-21，1989．
日橋一昭，「動物園の教育活動」，畜産の研究，Vol. 60，No. 1，pp. 45-50，2006．
日本動物園教育研究会，動物園教育 No. 1，日本動物園教育研究会，1985．
日本動物園教育研究会，日本動物園教育研究会 10 年の歩み，日本動物園教育研究会，1985．
日本動物園水族館協会，日本動物園水族館要覧，日本動物園水族館協会，1962．
日本動物園水族館協会，飼育ハンドブック資料編，日本動物園水族館協会，1980．
日本動物園水族館協会，日本の動物園と水族館，日本動物園水族館協会，1982．
日本動物園水族館協会，日本動物園水族館要覧，日本動物園水族館協会，1989．
日本動物園水族館協会，日本動物園水族館協会——その組織と活動，日本動物園水族館協会，1993．

日本動物園水族館協会，新飼育ハンドブック1-4，日本動物園水族館協会，1995-2005．
日本動物園水族館協会，日本動物園水族館年報，日本動物園水族館協会，1951-2008．
日本動物園水族館協会，事業概要，日本動物園水族館協会，1996-2008．
日本動物園水族館協会教育事業推進委員会，動物園・水族館での教育を考える――教育方法論研究，日本動物園水族館協会，2003．
日経トレンディ編集部，「動物園ランキング」，日経ホーム出版社，No.242，pp.75-95，2005．
西鉄エージェンシー，到津遊園50年の歩み，西日本鉄道，1982．
小原二郎，動物園の博物誌，中国新聞社，1993．
落合知美，「動物園での環境エンリッチメント」，動物園研究，Vol.3，No.1，pp.28-32，1999．
小河原孝生，「環境学習のためのプログラムと施設・人材そして科学的視点の重要性」，動物園・水族館の教育を考える，pp.1-12，2003．
大久保利謙，「大久保内務卿の博物館創設の建議」，明治の思想と文化，pp.417-419，吉川弘文館，1988．
大貫恵美子，日本文化と猿，平凡社，1995．
大阪市，大阪市天王寺動物園70年史，大阪市天王寺動物園，1985．
大坂豊，第三世代の動物園像をめざして，私家版．[出版年不明]
小沢詠見子，江戸ッ子と浅草花屋敷，小学館，2006．
小沢詠見子，浅草花屋敷における動物飼育について，ノートルダム清心女子大学生活文化研究所年報第20輯抜刷，2007．
ポラコウスキー，K.J.，中川志郎編訳，動物園のデザイン論，東京動物園協会，1996．
Robinson, M. H., Beyond the Zoo, Defenders, 1987.
佐渡友陽一，「アメリカの動物園経営」，動物園研究，Vol.7，No.1，pp.27-33，2003．
埼玉県公園緑地協会こども動物自然公園，10年のあゆみ，埼玉県公園緑地協会こども動物自然公園，1991．
札幌市円山動物園，20年のあゆみ，札幌市，1970．
佐々木時雄，動物園の歴史，西田書店，1975．
佐々木時雄，動物園の歴史（続），西田書店，1977．
佐藤昌，満州造園史，日本造園修景協会，pp.90-93，1985．
Sausman, K., Zoological Park and Aquarium Fundamentals, A. A. Z. P. A., 1982.
椎名仙卓，明治博物館事始め，思文閣出版，1989．
市民ZOOネットワーク，いま動物園がおもしろい，岩波書店，2004．
志村武夫，インディラがやってきた，佼成出版社，1979．
新撰東京名所図會・浅草公園之部中，風俗畫報，臨時増刊号，Vol.139口絵，東陽堂，1897
白土健・青井なつき，なぜ，子どもたちは遊園地に行かなくなったのか？ 創成社，2008．

静岡市立日本平動物園，開園10周年，静岡市立日本平動物園，1979.
鈴木克美，水族館，法政大学出版局，2003.
鈴木克美・西源二郎，水族館学，東海大学出版会，2005.
鈴木健夫ほか，ヨーロッパ人の見た幕末使節団，講談社，2008.
正田陽一，「私の造りたい動物園」，動物園研究，Vol.2，No.2，pp.1-4，1998.
正田陽一，「動物園における展示のありかた」，動物園というメディア，pp.105-129，青弓社，1998.
タッジ，C.，大平裕司訳，動物たちの箱船，朝日新聞社，1996.
高橋峯吉，動物たちと五十年，実業之日本社，1957.
高島春雄，動物物語，八坂書房，1986.
武田芳男，「動物園の展示——動物園側から」，遺伝，Vol.54，No.5，pp.18-20，2000.
瀧澤晃夫，京都岡崎動物園の記録，洛朋社，1986.
東京動物園協会，東京動物園協会50年史，東京動物園協会，1998
東京動物園協会，「どうぶつと動物園」，東京動物園協会，1950-2009.
東京国立博物館，東京国立博物館百年史，第一法規，1973.
東京都，多摩動物公園50年史，東京動物園協会，2008.
東京都井の頭自然文化園，井の頭自然文化園50年の歩みと将来，東京都井の頭自然文化園，1992.
東京都多摩動物公園，コアラとチョウのあいだで，東京動物園協会，1989.
豊橋総合動植物公園，動物園ものがたり——豊橋動物園開園50周年記念，豊橋動植物公園イベント実行委員会，2004.
筒井嘉隆，「動物園事業の打開策」，市務改善に関する論文集，pp.144-167，1936.
筒井嘉隆，「動物飼育と生態学」，東京動物学会，Vol.47，No.55，pp.189-191，1935.
筒井嘉隆，「吾国動物園の改善」，植物及動物，Vol.3，No.9，pp.91-97，1935.
筒井嘉隆，「動物園から」，植物及動物，Vol.7，No.6，pp.107-111，1939.
筒井嘉隆，「動物園から2」，植物及動物，Vol.7，No.7，pp.101-103，1939.
筒井嘉隆，町人学者の博物誌，河出書房新社，1987.
上野動物園，上野動物園入園者実態調査報告書，東京都，1976.
上野動物園，上野動物園百年史，東京都，1982.
上野動物園，上野動物園の入園者像，東京都，1990.
梅棹忠夫，博物館の世界，中央公論社，1980.
梅棹忠夫，民博誕生，中央公論社，1988.
ヴェヴァーズ，G.，羽田節子訳，ロンドン動物園150年，築地書館，1979.
和田辰巳，大阪市天王寺動物園50年の歩み，大阪市天王寺動物園協力会，1965.
若生謙二，「シアトルとタコマの動物園」，モンキー，Vol.29，No.3-4，pp.20-28，日本モンキーセンター，1985.
若生謙二，「バイオーム展示とウッドランドパーク動物園」，どうぶつと動物園，Vol.39，No.12，pp.464-469，1987.
若生謙二，日米における動物園の発展過程に関する研究．東京大学博士論文，1993.
若生謙二，「動物園における生態的展示とランドスケープ・イマージョンの概念に

ついて」, 展示学, Vol. 27, pp. 2-9, 1999.
若生謙二,「動物園の展示――ありのままの姿を求めて」, 遺伝, Vol. 54, No. 5, pp. 15-17, 2000.
若生謙二,「天王寺動物園サバンナゾーンとランドスケープ・イマージョン」, 大阪芸術大学紀要〈藝術〉, Vol. 24, pp. 38-46, 2001.
渡辺守雄ほか, メディアとしての動物園, 青弓社, 2000.
矢島稔編著, 動物園へ行きたくなる本, リバティ書房, 1989.
山本茂行, ファミリーパークの仲間たち, 北日本新聞社, 1998.
山本鎮郎, 動物園長職責論, 日本動物園水族館月報, 1960.
山下諭一, 動物園（全5巻）, ぎょうせい, 1982.
横浜市野毛山動物園, 野毛山動物園のあゆみ, 横浜市野毛山動物園, 1982.
吉田平七郎, 趣味の科学――動物園, 人文書院, 1938.
吉田光邦, 万国博覧会, 日本放送出版協会, 1970.
吉見俊哉, 博覧会の政治学, 中央公論新社, 1992.
ユクスキュル, J., 日高敏隆・羽田節子訳, 生物からみた世界, 思索社, 1983.
Zoological Society of London, International Zoo Yearbook 1-43, Zoological Society of London, 1959-2009.
Zuckerman, L. ed., Great ZOOS of the World, Weidenfeld & Nicolson, 1979.

おわりに

　動物園に勤め始めてから，外国に行くのはほとんど動物園を見にいくのが目的になってしまった．欧米諸国には10回ほど行ったが，最初のうちはご多分にもれず展示や教育の参考になるものはないかと考えていた．しかし，4-5回を過ぎるあたりから視点が少し変わってきたのに気づきだした．

　第1には，とくにヨーロッパで顕著なことは，ラテン系の国とそれ以外とで趣が異なるのである．フランス，イタリア，スペインなどの動物園は，どこかしら緩やかで緑も少なく管理の手が行き届いていない．反対にドイツ，オランダ，イギリス，ベルギーはそれぞれ独自の雰囲気を出しつつ，ラテンのおおらかさは見られない．これは南ヨーロッパと北ヨーロッパの違い，カソリックとプロテスタントの違いとも重なるようだ．

　第2には，プロテスタント的な使命を強く打ち出しているイギリスやドイツが気になったことである．使命（Mission）は神が人間に与えた義務であり，文字どおりに受け取る必要はないかもしれないが，この言葉を使うとそこには説明不要といわんばかりの迫力がある．あまりいわれると押しつけがましさが鼻についてくる言葉でもある．

　そこでアメリカであるが，1990年を過ぎるあたりから明らかに雰囲気が変わってきた．もともと過剰といえるほどであった使命感は変わらないが，それに加えてランドスケープイマージョンの展示が多数を占め始め，21世紀に入るころにはランドスケープイマージョン一色になって，どこに行っても同じ展示を見ているような気になり始めた．アメリカの動物園が一斉に変わり始めたのである．ランドスケープイマージョンは，生息地の環境を再現して，そこに動物を展示し，観客を生息地の環境に浸りきるようにさせることをめざしている．それを通じて，動物の生息地保護やその環境破壊への警告を行うといった使命をも持っている．しかし，どこの動物園でもほとんど同じメッセージを出してくるとなると話は別で，いささかうんざりすることになる．もっともアメリカでも，ニューオリンズのような南部の動物園では，

飼育係から生態的展示は動物がよそよそしくてなじめないといった独白ともつかぬグチを聞かされた．

全体に欧米諸国の動物園文化は多様ななかに使命感が色濃くにじみ出ていて，これは1つ2つ見るのはよいが，押しつけが強くて日本で展開するにはいささかなじみにくいところがあると感じさせられた．

本書では外国の動物園への論述を避けることにした．これは紙数の制約もあるが，欧米の動物園と日本の動物園とでは，そもそも成り立ちから，使命感までまったく異なっていると気づいたこともあり，両者を比較して検討することの意味が薄まっていったのである．欧米の動物園についてはいずれあらためて書いてみたいと思っている．また自分自身が動物園の管理者であり，自分ができなかったことへの反省があったからでもある．日本の動物園を客観化して，その問題をあげつらうのはそれほどむずかしいことではない．しかし私にとっては他人事ではないのだ．自分のやってきたこと，やれなかったことへの反省ぬきに動物園を語ることは私にはできない．動物園研究はとりもなおさず自らの行為への反省でもあるのだ．

本書ではまた技術的な論及を避けることにした．動物園の技術的側面については多くの著述があるし，日本動物園水族館協会でもハンドブックや機関誌を発行しているので，それらを参考にしてもらいたい．本書の主たるねらいは，日本の動物園の構造を分析することを通じて，課題と打開策を明らかにすることにあった．この目的がうまく達成できたかどうかはいささか心もとないが，これまであまり試みられてこなかったこともあり，不十分な点はお許しいただきたい．この観点からの先達は文中に再三ご登場する佐々木時雄さんであり，佐々木さんの著述への批判的検討をせざるをえなかったが，佐々木さんの業績を軽んずる気持は毛頭ない．生前にお会いできなかったことを悔やむのみである．

動物園は私を支えてくれた組織であり施設である．とかく興味の赴くままにあちこちつまみ食いのような研究をしてきた私の位置を定めてくれたところでもあるし，なによりも非社会的であった私を立ちなおらせてくれ，育ててくれた場所である．恩義に近い感情を抱いているといって過言ではない．この場を借りて日本の動物園という存在に感謝の言葉をささげたい．

最後に，本書の刊行に紹介の労をとっていただいた元東京大学の林良博先

生,動物園研究の端緒を開いてくれ,今回も多くのアドバイスをいただいた大阪芸術大学の若生謙二さん,本書執筆のために労務を押しつけてしまった帝京科学大学の同僚,資料の収集に協力してくれた図書館司書のみなさん,快く資料を提供して整理までしてくれた東京動物園協会のみなさんと多くの写真を提供していただいたさとうあきらさん,助手役を果たしてくれた林あゆみさん,そしてなまけものの私を適宜督促していただいた東京大学出版会編集部の光明義文さんに感謝したい.

本書で使用した動物園名

現存する動物園

円山動物園（札幌市），旭山動物園（旭川市），釧路市動物園，のぼりべつクマ牧場，大森山動物園（秋田市），盛岡市動物公園，八木山動物公園（仙台市），桐生が岡動物園，群馬サファリパーク，かみね動物園（日立市），埼玉こども動物自然公園，東武動物公園，大宮公園小動物園，羽村市動物公園，江戸川区自然動物園，上野動物園（正式名称は恩賜上野動物園），多摩動物公園，井の頭自然文化園（東京都），市川市動植物園，千葉市動物公園，野毛山動物園（横浜市），金沢動物園（横浜市），横浜ズーラシア（よこはま動物園），小田原動物園，遊亀動物園（甲府市，正式名称は遊亀公園付属動物園），富山市ファミリーパーク，高岡古城公園動物園，いしかわ動物園，楽寿園（三島市），富士サファリパーク（富士自然動物公園），伊豆バイオパーク，伊豆シャボテン公園，熱川バナナワニ園，日本平動物園（静岡市），浜松市動物園，豊橋動物園（正式名称は豊橋総合動植物公園），東山動物園，日本モンキーセンター，飯田市動物園，京都市動物園，アドベンチャーワールド，みさき公園動物園，天王寺動物園，五月山動物園，王子動物園（神戸市），姫路市立動物園，姫路セントラルパーク，とべ動物園（愛媛県），のいち動物公園（高知県），ワンパークこうちアニマルランド，とくしま動物園，池田動物園，安佐動物公園（広島市），秋吉台自然動物公園，周南徳山動物園（かつて徳山動物園），到津の森動物園（正式名称は到津の森公園），福岡市動物園，久留米市鳥類センター，大牟田市動物園，長崎バイオパーク，九州サファリ（正式名称は九州自然動物公園），熊本動物園（熊本市動植物園），フェニックス自然動物園（宮崎市），平川動物園（鹿児島市），名護自然動植物公園（通称ネオパーク・オキナワ）．

閉園した動物園

行川アイランド，谷津遊園動物園，宮沢湖なかよし動物園（飯能市），金沢動物園（金沢市），香嵐渓ヘビセンター，日本カモシカセンター，阪神パーク（甲子園動植物園），宝塚動植物園，あやめ池遊園地動物園，栗林公園動物園，ケーブルラクテンチ，長崎鼻パーキングガーデン．

事項索引

CBSG（保全繁殖専門家集団） 130,204
EEP 205
ISIS 230
IUCN 204
IUDZG 204
PHVA 130
QOL 182
SEAZA（東南アジア動物園協会） 230
WAZA 130,204
WZACS 130,204,231,232
WZO 204
ZIMS 230

ア 行

朝倉無聲 13
アリストテレス 194
石川千代松 23,43
遺伝的管理 215
移動動物園 77,79,184
井下清 10,23,59
今泉七五郎 54
岩川友太郎 42,43,55
岩倉使節団 33
インセクタリゥム 165
インディラ 77,78
観魚室 38
遠藤悟朗 162
大久保利通 36
大坂豊 114,127
大達茂雄 72
小河原孝生 156
おサル電車 76
小原二郎 92,220
オペラントの条件づけ 138

カ 行

回遊式庭園 178
柏岡民雄 15,69
花鳥茶屋 5
カール・ハーゲンベック 43
川添裕 14
川田健 225
川村多實二 23,46
環境エンリッチメント 131
管理委託方式 187
希少動物人工繁殖研究会 126
北王英一 74
基本設計 176
近代的動物園 2
九鬼隆一 39
孔雀茶屋 5,13
黒川義太郎 22,43
軍用動物 65
血統登録 215
血統登録者 131
遣欧使節団 31
小泉丹 23,70
校外授業（遠足） 158
行動展示 113
古賀忠道 59,170
国語の教科書 159
国際動物園園長会議 82
国際動物園園長連盟 204
小菅正夫 180
子ども動物園 79,160
小森厚 55
近藤典生 87,109,113

事項索引

サ 行

採餌　102
サーカス　193
佐々木時雄　2, 55
里山の再生　221
佐野常民　19, 35
サファリパーク　93
サポーター制度　189
飼育技術　22
シェファードソン　131
実施設計　176
指定管理者制度　187
ジャイアントパンダ　93
獣医・飼育技術者研究会　229
収集計画　178
種保存委員会　123
馴化　102, 117
正田陽一　17
ジョン・コー　110
鈴鹿通治　49, 55
ズーストック（計画）　17, 99, 123, 124
スポットガイド　154, 169
生態的展示　113
世界動物園機構　204
世界動物博覧会　81
総合的学習の時間　157
ゾウ列車　74, 75

タ 行

体験学習　158
第4回内国博覧会　48
第5回内国博覧会　53
大日本人道会　42, 50
タイポン　90
高橋峯吉　22
高峯秀夫　43, 145
田中芳男　32, 38
畜産工学　220
チャリネ曲馬団　39
長期計画　176
ツシマヤマネコ　214

筒井嘉隆　69
庭園　192
展示の分類　115
東京ディズニーランド　185
東京動物園協会　165, 166
東京動物園ボランティアーズ　154
動物愛護週間　65, 76
動物慰霊祭　65
動物園観　7
動物園廃止運動　203
動物解説員　17, 154
動物学園　26
動物学協会　197
動物虐待防止協会　42, 50
動物地理学的展示　105
動物と動物園　165
動物繁殖賞　229
動物病院　60
トキ　213
独立行政法人　188
殿様生物学者　145
トレーニング　137

ナ 行

ナイトサファリ　212
中川志郎　117
中俣充志　67
中村元　7
南大路勇太郎　68
ニホンコウノトリ　213
日本動物園教育研究会　163
日本動物園協会　67
日本動物園水族館協会　1, 67, 97
日本動物園水族館雑誌　170, 229
ニューヨーク動物学協会　209
ネール首相　75, 77
農場・牧場　193

ハ 行

博物館法　79, 184
博覧会　6
ハーゲンベック　24

パノラマ型（式）展示　105, 202
林佐市　54
林寿郎　83
ハンズオン　101, 166
ピット　104
フィラデルフィア動物学協会　200
福沢諭吉　26, 30
福田三郎　118, 160
ブリーディング・ローン　124, 129
ヘディガー　117
放生　12
捕食者　102
ボードワン　34

　　マ　行

マーコウィッツ　131, 132
町田久成　34, 38
見世物　12, 193
無柵放養式　83, 106, 202
無藤隆　156
猛獣処分　65, 73
モース　25
森銑三　46
森脇幾茂　49

　　ヤ　行

野生生物保全協会　209

野生復帰　218
山本鎮郎　21, 123, 225
ヤンソン　40
遊園地型動物園　11
幼獣園　160
吉田平七郎　70
吉見俊哉　6

　　ラ　行

ライオンバス　87, 93
ランドスケープイマージョン　110,
　　113, 209
リタ　63, 64
リピーター　186
倫理委員会　230
倫理基準　204
倫理要綱　229
冷凍動物園　126
レオポン　89
労働集約型　187
ローレンツ・ハーゲンベック　62
ロンドン動物学協会　194
ロンドン万国博覧会　31

　　ワ　行

若生謙二　5, 8
ワシントン条約（CITES）　171

動物園名索引

ア 行

浅草花屋敷　8, 45, 52
安佐動物公園　92
熱川バナナワニ園　86
あやめ池遊園　56
安藤動物園　47
いしかわ動物園　114
伊豆シャボテン公園　87
到津の森公園　114
到津遊園　57, 58
井の頭公園中之島小動物園　61
井の頭自然文化園　87
今泉動物園　46
上野動物園　8, 23
ウッドランドパーク動物公園　209
王子動物園　21, 83
大阪市立動物園　54
大阪博物場　53

カ 行

金沢動物園　98
鴨池動物園　57
教育博物館　50
京都市紀念動物園　48
釧路市動物園　92
熊本動物園　57
久留米市鳥類センター　88
甲府市動物園　60
香櫨園　52

サ 行

埼玉こども動物自然公園　95, 162
シェルンブルン　2, 3, 191
ジャルダン・デ・プラント　2, 3, 31

新京動植物園　66
新宿動物園　45
諏訪山動物園　60, 75
仙台市動物園　61

タ 行

台北動物園　66
宝塚動植物園　56
多摩動物公園　86, 89, 93
鶴舞公園（附属）動物園　10, 54
帝室博物館　45
天王寺動物園　10, 61
東京ディズニーランド　185
とべ動物園　98
富山市ファミリーパーク　98

ナ 行

長崎バイオパーク　87
長崎鼻パーキングガーデン　87
名護自然動植物公園　88
行川アイランド　90
日本動物園　14
日本モンキーセンター　17, 85
のぼりべつクマ牧場　86

ハ 行

ハーゲンベック動物園　83, 202
阪神パーク　56
東山動物園　62
平川動物園　87, 92
福岡市記念動植物園　60
ブロンクス動物園　201

マ 行

箕面動物園　52

ヤ　行

八木山動物公園　91
野生生物保全センター　171,172
山下町博物館　33
横浜ズーラシア　99,114

ラ　行

李王職動物園　66
栗林公園動物園　60
ロンドン動物園　196

著者略歴

1946 年　東京都に生まれる.
1965 年　都立戸山高校卒業.
1971 年　東京大学文学部卒業.
　　　　上野動物園勤務，井の頭自然文化園長，葛西臨海水族園長，多摩動物公園飼育課長，帝京科学大学教授，千葉市動物公園園長などを経て，
現　　在　動物観研究所所長，ボルネオ保全トラスト・ジャパン理事長.

主要著書

『日本の動物観——人と動物の関係史』（共著，2013 年，東京大学出版会）
『どうぶつ命名案内』（2009 年，社会評論社）
『現代日本人の動物観』（2008 年，ビイングネットプレス）
『上野動物園』（1998 年，東京公園文庫）ほか.

日本の動物園

　　　　　　2010 年 7 月 5 日　初　版
　　　　　　2020 年 11 月 25 日　第 2 刷

　　　　　　　　［検印廃止］

　著　者　石田　　戡
　　　　　　いしだ　おさむ

　発行所　一般財団法人　東京大学出版会

　　　　　代表者　吉見俊哉

　　　　　153-0041 東京都目黒区駒場 4-5-29
　　　　　電話 03-6407-1069・振替 00160-6-59964

　印刷所　三美印刷株式会社
　製本所　誠製本株式会社

　Ⓒ 2010 Osamu Ishida
　ISBN 978-4-13-060191-7　Printed in Japan

　JCOPY〈出版者著作権管理機構　委託出版物〉
　本書の無断複写は著作権法上での例外を除き禁じられています．複写される場合は，そのつど事前に，出版者著作権管理機構（電話 03-5244-5088，FAX 03-5244-5089，e-mail：info@jcopy.or.jp）の許諾を得てください．

Natural History Series

哺乳類の進化　遠藤秀紀著　——A5判・400頁／5400円
●地球史を飾る動物たちの〈歴史性〉にナチュラルヒストリーが挑む．

動物進化形態学　倉谷滋著　——A5判・632頁／7400円（品切）
●進化発生学の視点から脊椎動物のかたちの進化にせまる．

日本の植物園　岩槻邦男著　——A5判・264頁／3800円（品切）
●植物園の歴史や現代的な意義を論じ，長期的な将来構想を提示する．

民族昆虫学　野中健一著　——A5判・224頁／4200円（品切）
昆虫食の自然誌
●人間はなぜ昆虫を食べるのか——人類学や生物学などの枠組を越えた人間と自然の関係学．

シカの生態誌　高槻成紀著　——A5判・496頁／7800円（品切）
●動物生態学と植物生態学の2つの座標軸から，シカの生態を鮮やかに描く．

ネズミの分類学　金子之史著　——A5判・320頁／5000円
生物地理学の視点
●分類学的研究の集大成として，さらに自然史研究のモデルとして注目のモノグラフ．

化石の記憶　矢島道子著　——A5判・240頁／3200円
古生物学の歴史をさかのぼる
●時代をさかのぼりながら，化石をめぐる物語を読み解こう．

ニホンカワウソ　安藤元一著　——A5判・248頁／4400円
絶滅に学ぶ保全生物学
●身近な水辺の動物であったニホンカワウソ——かれらはなぜ絶滅しなくてはならなかったのか．

フィールド古生物学　大路樹生著　——A5判・164頁／2800円
進化の足跡を化石から読み解く
●フィールドワークや研究史上のエピソードをまじえながら，古生物学の魅力を語る．

日本の動物園　石田戢著　——A5判・272頁／3600円
●動物園学のすすめ——多様な視点からこれからの動物園を論じた決定版テキスト．

貝類学　佐々木猛智著　——A5判・400頁／5400円
●化石種から現生種まで，軟体動物の多様な世界を体系化．著者撮影の精緻な写真を多数掲載．

リスの生態学　田村典子著　──A5判・224頁/3800円
●行動生態，進化生態，保全生態など生態学の主要なテーマにリスからアプローチ．

イルカの認知科学　村山司著　──A5判・224頁/3400円
異種間コミュニケーションへの挑戦
●イルカと話したい──「海の霊長類」の知能に認知科学の手法でせまる．

海の保全生態学　松田裕之著　──A5判・224頁/3600円
●マグロやクジラはどれだけ獲ってよいのか？　サンマやイワシはいつまで獲れるのか？

日本の水族館　内田詮三・荒井一利　著　──A5判・240頁/3600円
西田清徳
●日本の水族館を牽引する名物館長たちが熱く語るユニークな水族館論．

トンボの生態学　渡辺守著　──A5判・260頁/4200円
●身近な昆虫──トンボをとおして生態学の基礎から応用まで統合的に解説．

フィールドサイエンティスト　佐藤哲著　──A5判・252頁/3600円
地域環境学という発想
●世界のフィールドを駆け巡り「ひとり学際研究」をつくりあげ，学問と社会の境界を乗り越える．

ニホンカモシカ　落合啓二著　──A5判・290頁/5300円
行動と生態
●40年におよぶ野外研究の集大成．徹底的な行動観察と個体識別による野生動物研究の優れたモデル．

新版 動物進化形態学　倉谷滋著　──A5判・768頁/12000円
●ゲーテの形態学から最先端の進化発生学まで，時空を超えて壮大なスケールで展開される進化論．

ウサギ学　山田文雄著　──A5判・296頁/4500円
隠れることと逃げることの生物学
●ようこそ，ウサギの世界へ！　40年にわたりウサギとつきあってきた研究者による集大成．

湿原の植物誌　冨士田裕子著　──A5判・256頁/4400円
北海道のフィールドから
●日本の湿原王国──北海道のさまざまな湿原に生きる植物たちの不思議で魅力的な世界を描く．

化石の植物学　西田治文著　──A5判・308頁/4800円
時空を旅する自然史
●博物学の時代から遺伝子の時代まで──古植物学の歴史をたどりながら植物の進化と多様性にせまる．

哺乳類の生物地理学 　増田隆一著　────　A5判・200頁/3800円
●遺伝子やDNAの解析からヒグマやハクビシンなど哺乳類の生態や進化にせまる．

水辺の樹木誌 　崎尾均著　────　A5判・284頁/4400円
●失われゆく豊かな生態系──水辺林．そこに生きる樹木の生態学的な特徴から保全を考える．

有袋類学 　遠藤秀紀著　────　A5判・288頁/4200円
●〈ちょっと奇妙な獣たち〉の世界へ──日本初の有袋類の専門書．

ニホンヤマネ 　湊秋作著　────　A5判・288頁/4600円
野生動物の保全と環境教育
●永年にわたりヤマネたちと真摯に向き合ってきた「ヤマネ博士」の集大成！

ナチュラルヒストリー 　岩槻邦男著　────　A5判・384頁/4500円
●生物多様性，生命系などをキーワードにナチュラルヒストリーを問いなおす．

ここに表記された価格は本体価格です．ご購入の際には消費税が加算されますのでご了承下さい．